関西電力と原発

うずみ火編集部
矢野 宏・高橋 宏

西日本出版社

はじめに

「うずみ火」とは、灰に埋もれた炭火のことである。その昔、火の神を祀る「いろり」の火は絶やしてはならぬとされてきた。そのため、寝る前に火種をいろりの灰の中に埋め、うずみ火にして翌朝まで火種を守ったという。

私たちの師はジャーナリストの故・黒田清さんだ。読売新聞大阪本社の社会部長として数々のスクープを飛ばし、事件に強い「黒田軍団」として名を馳せた。大型連載や調査報道などを手がける一方、市井の人々の喜怒哀楽をつづるコラム「窓」を通じて読者と交流した。退社後もミニコミ誌「窓友《そうゆう》新聞」を創刊し、社会的に弱い立場の人たちに寄り添い続けた。生前、黒田さんはこう訴えていた。

「一人ひとりの家庭にある幸せを大事にしていこう。そのためには幸せを根こそぎ奪ってしまう戦争に反対しよう。その幸せを潰してしまう差別と戦わなくてはならない」

その遺志を受け継ぎ、消すことなく次の世代にバトンタッチしたい——と、「うずみ火」という名の小さな新聞を毎月一回発行するとともに、市民講座を開講している。

東京電力福島第一原発事故から3年を迎えた2014年3月には、和歌山県日高町から一人の漁師さんを講師に招いた。濱一巳さん（63）。40年にわたって原発建設の反対運動の先頭に立ってきた人である。

過疎の町に原発建設の話が舞い込んだとき、町はこぞって賛成した。原発推進は国策であり、関西電力は大手企業である。住民の多くが「原発ができれば町は豊かになる」と信じ、その安全性についても「難しいことはわからんが、お上が言うことに間違いはない」と考えようともしなかった。そんな中で、濱さんらが反対したのは素朴な疑問からだったという。「原発が安全というのなら、なぜ、電気を大量に使う都会に建てないのか」

本書は、関電がなぜ原発に依存していったのか、そもそも原発と共存できるのかなど、関電と原発について考えていただくための一冊である。

執筆者の一人、高橋宏は元共同通信の記者で、青森支局時代、六ヶ所村の核燃料サイクル基地問題に携わったのをきっかけに、原発問題をライフワークに取材している。「新聞うずみ火」でも、2005年10月の創刊号から一貫して、原発や核をテーマにした記事を書き続けてきた。

関西テレビの報道番組「ニュースアンカー」でお世話になったフリーアナウンサーの山本浩之さんを交えて座談会も行った。より幅広い視点も提示できたのではないかと密かに自負している。

2014年4月　新聞うずみ火代表／矢野 宏

関西電力と原発　もくじ

第2章　関電の歴史

第3章 国策としての原子力

第4章 原発の未来

註1 〈 〉内に示した引用内の単位も、本文に合わせてカタカナ表記としています。
註2 本文中の氏名は敬称略をしています。

第1章

関西で原発事故が起きたら

1-1 原発危険度ランキング

若狭湾原発銀座

日本海側には珍しい大規模なリアス式海岸が広がる風光明媚な福井県の若狭湾。その沿岸部には関西電力の美浜原子力発電所（以下、原発）3基、大飯原発4基、高浜原発4基のほか、「日本原子力発電」（以下、原電）の敦賀原発2基、「日本原子力研究開発機構」（以下、原子力機構）の高速増殖炉「もんじゅ」も含めて計14基が建ち並び、「原発銀座」とも呼ばれている。いずれも立地点は陸上交通の便宜に乏しい過疎地域。そこで作った電気が大阪、京都、神戸など関西の大都市に送られている。一つの地域にこれだけ多くの原発が集中しているのは全国でもここしかない。

広島・長崎への原爆投下から10年あまり、歓迎ムードに包まれる中で日本は原子力事業をスタートさせた。1955年12月31日付の東京新聞には次のような記述がある。

〈原子力発電には火力発電のように大工場を必要としない、大煙突も貯炭場もいらない。また毎日石炭を運びこみ、たきがらを捨てるための鉄道もトラックもいらない。密閉式のガスタービンが利用できれば、ボイラーの水すらいらないのである。もちろん山間へき地を選ぶこともない。ビルディングの地下室が発電所ということになる。（中略）電気料は

2千分の1になる〉

まさに、夢の電力供給源として原発は推進されてきたわけだが、実際にはこの記事の通りにはならなかった。そして、まさに海沿いの「山間へき地」が立地点となってきたのだ。

一方、国の原子力政策を計画的に行う総理府（現・内閣府）の付属機関（のち審議会など）として設置された「原子力委員会」が64年に決定した「原子炉立地審査指針」には、次のような基本方針が示されている。

〈重大事故を越えるような技術的見地から起るとは考えられない事故（以下「仮想事故」）の発生を仮想しても、周辺の公衆に著しい放射能災害を与えないこと〉

仮想事故とは、例えば、重大事故を想定する際には効果を期待した安全防護施設のうちのいくつかが動作しないと仮想し、それに相当する放射性物質の放散を仮想するもの。つまり、万が一事故を起こした場合にも、周辺の人々に放射能災害を与えないことが、基本的な目標とされていたのである。そもそも、そのような立地点が国内にあるはずがない。

国は、77年6月に原子力委員会が策定した「発電用軽水型原子炉施設に関する安全設計審査指針」に、原発の全電源喪失に対する設計上の考慮について、〈長期間にわたる電源喪失は、送電系統の復旧又は非常用ディーゼル発電機の修復が期待できるので考慮する必要はない〉とするなど、「仮想事故」は起き得ないという前提で、原発の建設を認めてきた。

　しかし、２０１１年3月に発生した東京電力福島第一原発事故によって、状況は一変した。国が「設計上考慮する必要はない」としてきた長期間の全電源喪失が起こり、４つの原子炉で同時多発的に「仮想事故」が発生してしまったのである。その結果、大量の放射能が環境に放出され、事故直後には30万人を超える人々が避難せざるを得なくなった。

　事故後、防災対策重点地域（ＥＰＺ：Emergency Planning Zone）について、従来の原発から半径８～10キロという目安が見直された。福島第一原発から半径20キロ圏内を「警戒区域」として立ち入り禁止とし、半径20キロ以遠で放射線の年間積算線量が20ミリシーベルトに達する恐れがある地域は「計画的避難区域」として避難のため立ち退くことを求められた。

　このことが何を意味するか。すなわち、若狭湾に原発銀座を抱える関西は、大都市圏を含む地域で原子力防災を考えなければならなくなったのだ。これまでは、山を隔てた若狭湾の原発について関心を持たずにいられた大阪や京都、神戸の住民も、自らの問題として事故の可能性などに向き合わねばならない事態になったのである。

危険な原発は

脱原発を目指す国会議員連盟「原発ゼロの会」が「原発危険度ランキング」（改訂版）を発表したのは２０１２年９月６日のことだ。

原発ゼロの会は、〈福島第一原発事故を踏まえて政治がなすべき第一は「原発ゼロ」に向かうという決断である〉との思いを共有する与野党の超党派国会議員によって12年３月27日に発足した。

・新たな原発建設を中止し、廃炉を促進する「原発依存ゼロ」
・使用済み核燃料を再利用する核燃料サイクルから撤退する「再処理ゼロ」
・「再生可能エネルギーへの大胆な転換」――の３本柱を軸に議論を深め、原発危険度ランキングのほかに、「廃炉促進二法案」（廃炉促進法案と廃炉周辺地域振興特措法案）の骨子を公表している。

しかし、その年暮れの衆議院選挙で自民党が圧勝したことで、衆参94人いたメンバーは一時ほぼ半減。14年３月28日現在、メンバーは９党と無所属の衆参国会議員65人で、共同代表には自民党の河野太郎衆院議員と民主党の近藤昭一衆院議員が、世話人には共産党の笠井亮衆院議員、自民党の長谷川岳参院議員、みんなの党の山内康一衆院議員、生活の党の玉城デニー衆院議員、日本維新の会の鈴木望衆院議員、結いの党の真山勇一参院議員、社民党の照屋寛徳衆院議員、無所属の阿部知子衆院議員（事務局長）がそれぞれ名前を連ねている。

原発危険度ランキングは、ゼロの会のメンバーが「原子力資料情報室」や「原子力安全保安院」などの原子力専門家の情報に基づき、国内にある運転可能な原発50基（当時）を対象に、原子炉の危険性の基準を「原子炉の危険度」（満点6ポイント）、「地盤などの危険度」（満点5・5ポイント）、「社会環境面の危険度」（満点4ポイント）の3つの分野に分けた（満点15・5ポイント）。

3つの分野では次の項目に注意して評価している。

①原子炉の危険性――「炉・格納容器のタイプ」、「運転経過年数」、「平均設備利用率」、「事故率」、「脆性遷移温度《ぜいせいせんいおんど》」（原子炉の劣化度合い）

②地盤などの危険度――「耐震性」、「地盤状況」（断層の状態）

③社会環境面の危険度――「周辺人口」、「事業者への行政処分などの実績」

これらの評価項目ごとに配点を行った結果、50基のうち28基を「即時廃炉にすべきと考える原発」と位置付けた。

その理由として、原発ゼロの会は自ら編集した『日本全国原発危険度ランキング』（合同出版）の中でこう書いている。

評価項目および基準

分野	配点	項目	配点	基準	ポイント
1 原子炉の危険度	6	①炉型・格納容器タイプ	1	Mark1PWRアイスコンデンサ型	1.00
				BWR	0.50
				PWR	0.00
		②経過年数（年）	1	30 以上	1.00
				20 ～ 30	0.75
				10 ～ 20	0.50
				0 ～ 10	0.25
		③平均設備利用率（%）	1	0 ～ 60	1.00
				60 ～ 79	0.50
				80 以上	0.00
		④事故率（回／年）	1	1 以上	1.00
				事故率をそのまま点数化	n/a
		⑤脆性遷移温度（℃）	2	70 以上	2.00
				35 ～ 70	1.50
				0 ～ 35	1.00
				0 以下	0.50
2 地盤等の危険度	5.5	⑥耐震性（原子炉建屋と圧力容器の設計上の余裕度の総合）	2	上位 5	2.00
				中高位 5	1.50
				中位 10	1.00
				中下位 10	0.50
				低位	0.00
		⑦地盤状況	3.5	ズレ（直下活断層）追加調査要	3.50
				ズレ（直下活断層）の指摘	3.00
				揺れに関する指摘（リスク大）	2.00
				揺れに関する指摘	1.00
				特に指摘なし	0.00
3 社会環境面の危険度	4	⑧周辺人口（UPZ30km 圏内）	2	50 万人以上	2.00
				30 ～ 50 万人	1.50
				20 ～ 30 万人	1.00
				10 ～ 20 万人	0.50
				0 ～ 10 万人	0.00
		⑨事業者への行政処分等の実績	2	7P 以上	2.00
				5 ～ 7P	1.50
				3 ～ 5P	1.00
				2 ～ 3P	0.50
				0 ～ 2P	0.25

〈28基は、運転40年超のものはもちろん、福島第一原発のように事故を起こした原発、直下に活断層がある可能性が高いと考えられる原発、東日本大震災や中越沖地震などで被災した原発です。この28基については、危険度のポイントが何点であろうとも即時に廃炉にすべきだと考え、いわゆるランキング外としました〉

■即時廃炉にすべきと考えるもの（28基）

敦賀原発1号機（日本原子力発電）12・50ポイント　直下活断層可能性
美浜原発2号機（関西電力）10・95ポイント　直下活断層可能性
美浜原発1号機（関西電力）10・85ポイント　直下活断層可能性
美浜原発3号機（関西電力）9・95ポイント　直下活断層可能性
柏崎刈羽原発4号機（東京電力）9・8ポイント　被災（中越沖地震）
浜岡原発4号機（中部電力）9・7ポイント　要請停止中（東海地震震源域）
浜岡原発3号機（中部電力）9・45ポイント　要請停止中（東海地震震源域）
浜岡原発5号機（中部電力）9・45ポイント　要請停止中（東海地震震源域）
柏崎刈羽原発2号機（東京電力）9・45ポイント　被災（中越沖地震）
柏崎刈羽原発3号機（東京電力）9・20ポイント　被災（中越沖地震）

敦賀原発2号機（日本原電）8・75ポイント　直下活断層可能性
柏崎刈羽原発6号機（東京電力）8・60ポイント　被災（中越沖地震）
柏崎刈羽原発1号機（東京電力）8・55ポイント　被災（中越沖地震）
柏崎刈羽原発5号機（東京電力）8・45ポイント　被災（中越沖地震）
柏崎刈羽原発7号機（東京電力）8・20ポイント　被災（中越沖地震）
志賀原発1号機（北陸電力）8・20ポイント　直下活断層可能性
女川原発1号機（東北電力）7・65ポイント　被災（東日本大震災）
福島第一原発5号機（東京電力）7・50ポイント　被災（東日本大震災）
志賀原発2号機（北陸電力）7・35ポイント　直下活断層可能性
女川原発2号機（東北電力）7・00ポイント　被災（東日本大震災）
東海第二原発（日本原電）7・00ポイント　被災（東日本大震災）
福島第一原発6号機（東京電力）6・90ポイント　被災（東日本大震災）
福島第二原発1号機（東京電力）6・45ポイント　被災（東日本大震災）
東通原発1号機（東北電力）6・25ポイント　被災（東日本大震災）直下活断層可能性
福島第二原発2号機（東京電力）6・05ポイント　被災（東日本大震災）
福島第二原発3号機（東京電力）6・05ポイント　被災（東日本大震災）

福島第二原発4号機（東京電力）6・05ポイント　被災（東日本大震災）
女川原発3号機（東北電力）5・95ポイント　被災（東日本大震災）

東日本大震災や中越沖地震などで被災した原発のほかに、活断層の上にある可能性が高く危険な原発として、関西電力の美浜原発（福井県美浜町）1、2、3号機が「即時廃炉にすべき原発」に名を連ねている。

日本原電が福井県敦賀市に建設した敦賀1、2号機も直下に活断層が走っている可能性が高いという理由でリストアップされた。

■危険度総合ランキング（22基対象）

①大飯原発1号機（関西電力）11・25ポイント（活断層再調査中）
①大飯原発2号機（関西電力）11・25ポイント（活断層再調査中）
③島根原発1号機（中国電力）9・30ポイント
④高浜原発1号機（関西電力）9・05ポイント
④島根原発2号機（中国電力）9・05ポイント
⑥高浜原発2号機（関西電力）8・55ポイント

⑦高浜原発３号機（関西電力）６・40ポイント
⑦高浜原発４号機（関西電力）６・40ポイント
⑨大飯原発３号機（関西電力）６・35ポイント（活断層再調査中）
⑨大飯原発４号機（関西電力）６・35ポイント（活断層再調査中）
⑪泊原発３号機（北海道電力）５・75ポイント
⑫伊方原発１号機（四国電力）５・60ポイント
⑬泊原発１号機（北海道電力）５・55ポイント
⑭玄海原発１号機（九州電力）５・25ポイント
⑮泊原発２号機（北海道電力）５・20ポイント
⑯伊方原発３号機（四国電力）４・20ポイント
⑰川内原発１号機（九州電力）３・90ポイント
⑱川内原発２号機（九州電力）３・70ポイント
⑲伊方原発２号機（四国電力）３・45ポイント
⑲玄海原発２号機（九州電力）３・45ポイント
㉑玄海原発３号機（九州電力）２・85ポイント
㉒玄海原発４号機（九州電力）２・75ポイント

危険度総合ランキングの1、2位は、関西電力大飯原発1号機と2号機。原子炉の危険度が5・00ポイント、地盤などの危険度が5・50ポイント、社会環境面の危険度が0・75ポイントで、合計11・25ポイントである。

4位は、高浜原発（福井県高浜町）1号機、6位は同じ高浜原発の2号機、7位も高浜原発3号機と4号機が、9位に大飯3号機4号機が入るなど、危険度ランキングの10位以内に関電の原発が8基も入っている。

ちなみに3位と5位は、中国電力の島根原発（島根県松江市）1号機と3号機だった。

大飯原発、高浜原発の危険度がそれぞれに高いのは敷地内に活断層が走っていると見られたためだ。

原子炉の危険度には、「炉型・格納容器タイプ」（満点１ポイント）、「経過年数」（満点１ポイント）、「平均設備利用率」（満点１ポイント）、「事故率」（満点１ポイント）、「脆性遷移温度」（満点２ポイント）の５つの項目があり、計６ポイントが配点されている。点数が多いほど危険である。
例えば、炉型・格納容器タイプの項目では、特に「マーク１またはＰＷＲアイスコンデンサ型」（特に古い型の原子炉）が 1.00 ポイント、「ＢＷＲ」（沸騰水型原子炉）が 0.50 ポイント、「ＰＷＲ」（加圧水型原子炉）は 0.00 ポイントとなっている。（15 ページの表参照）
事故を起こした東京電力福島第一原発１号機から４号機は型の古い原子炉に該当する。格納容器が小さく、かねてから危険性が指摘されていただけに、最悪評価の１点。同じく福島第一原発の４基などのＢＷＲは燃料棒の核分裂反応を止める制御棒が下から上に挿入されるため、大地震が発生したときなどきちんと挿入されるのかといった不安を抱えている。ＰＷＲは制御棒が上から挿入されるなどの違いから配点が分かれた。

沸騰水型原子炉（BWR）の仕組み

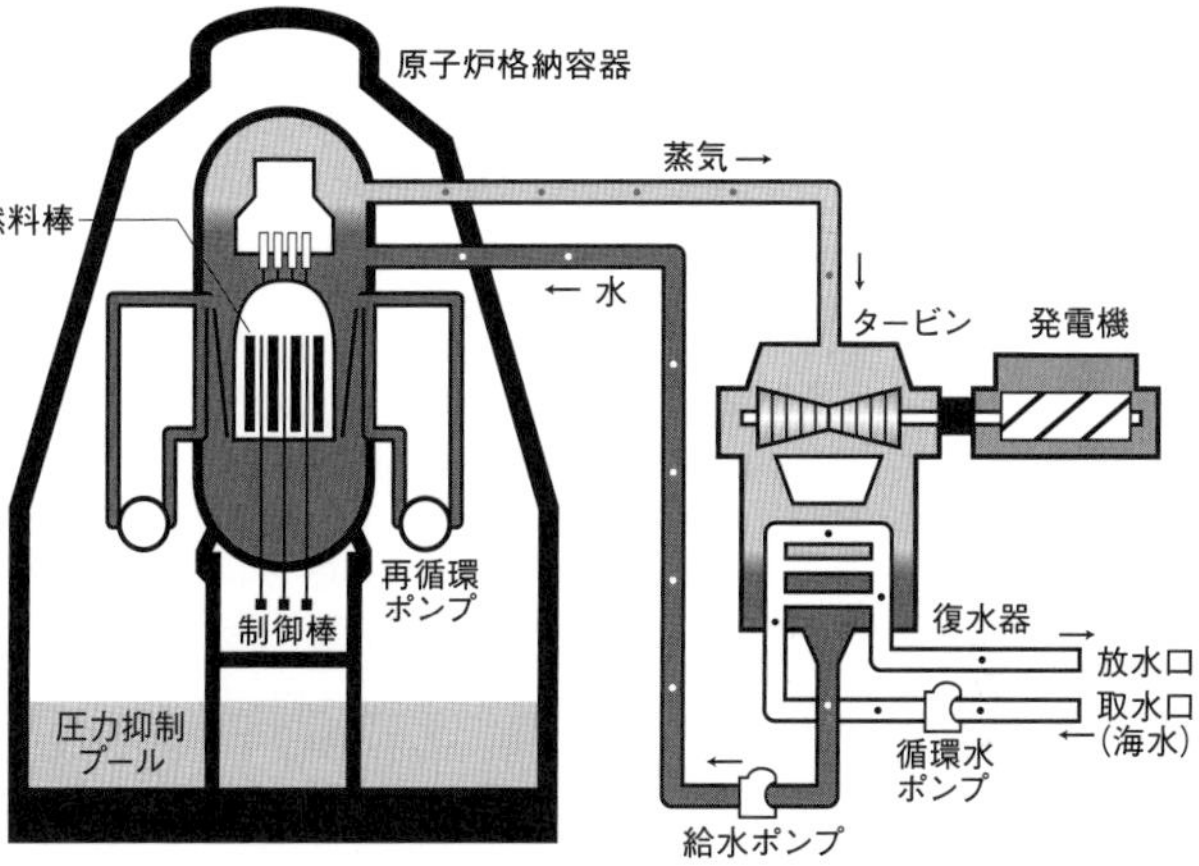

東京電力、東北電力、中国電力などが採用

加圧水型原子炉（PWR）の仕組み

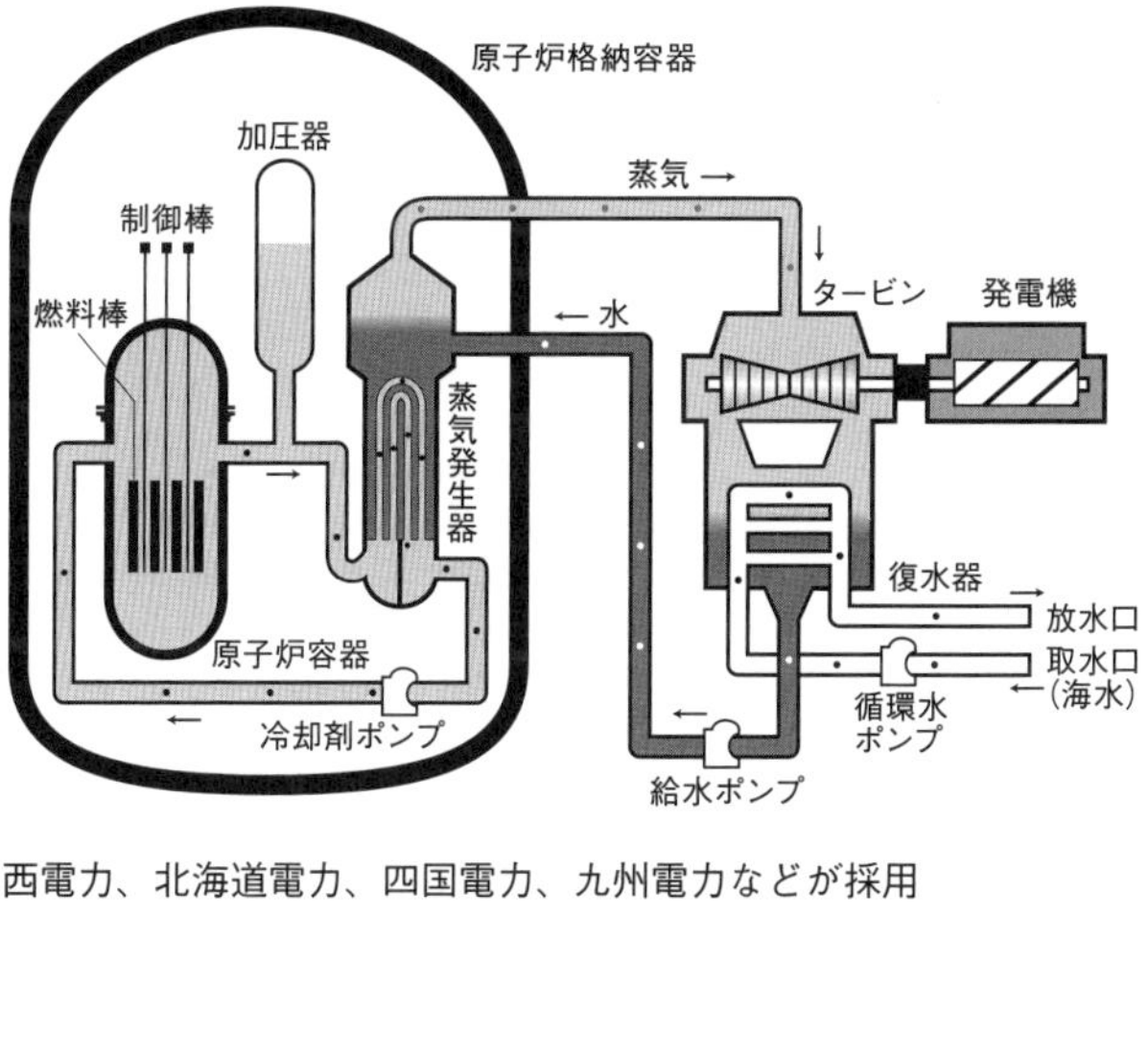

関西電力、北海道電力、四国電力、九州電力などが採用

危険度総合ランキングの対象となった22基について、原発ゼロの会は『日本全国原発危険度ランキング』の中で〈危険度が高いと判断されるものから順番に着実に廃炉にしていく措置がとられるべきと考えています〉と訴えつつ、こう言い添えている。

〈たとえ総合ランキングが下位になっていても、特定の項目については危険度が非常に高い原子炉もあることが分かります。総合的に危険度をランク付けして廃炉の優先順位を提示しながらも、個別の項目についてもそれが致命的な危険度である場合には考慮していく必要があります。

また、現在のランキングで対象としている9項目以外にも、各原発の防潮堤の高さ、免震棟の有無やバックアップ電源の状況、オフサイトセンターの機能性、避難経路の確保や周辺地域の避難計画の内容、一度に複数の原子炉が事故を起こす「並行連鎖原災」のリスク、行政処分の対象となっていない事業者の問題（やらせ問題）をはじめ、ほかにも考慮すべき要素はたくさんあると認識しています〉

原発の老朽化

関電にとって深刻な問題となってくるのは、原発の老朽化である。

現在、日本に存在する原発48基（高速増殖炉「もんじゅ」などは除く）のうち、最高齢は福井県敦賀市にある日本原子力発電の敦賀原発１号機で、運転年数は44年（２０１４年３月末現在。以下同じ）となっている。

運転年数が40年を超えている原発は、美浜原発１号機（43年）、福島第一原発１号機（43年）、美浜原発２号機（41年）、島根原発１号機（40年）の４基。

運転年数が35年以上40年未満の原発は、福島第一原発２号機（39年）、高浜原発１号機（39年）、高浜原発２号機（38年）、玄海原発１号機（38年）、福島第一原発３号機（38年）、美浜原発３号機（37年）、伊方原発１号機（36年）、福島第一原発５号機（35年）、福島第一原発４号機（35年）、東海第二原発（35年）の10基となっている。

老朽化への対応が迫られるとされる運転開始から30年以上経過する原発は、現時点で国内に21基だが、このまま原発を運転し続けていけばその数は確実に増えていく。特に関電の場合は、所有する11基の原発のすべてが運転年数20年を超えており、原発を所有する電力会社の中で、最も老朽化への対策が急がれている。

原発の寿命はいったいどれくらいなのであろうか。

アメリカでは「原子力法」（修正法）で、運転認可の期間を最大40年と規定しており、最長20年まで更新が認められている。

日本でも２０１２年に「原子炉等規制法」が改正され、原子炉を運転できる期間は原則

40年と規定された。ただし、原子力に関する監督業務を担当する政府機関「原子力規制委員会」の認可を受ければ、1回に限って20年を限度として延長することができるとされている。

原発の様々な部品は、必要に応じて交換によるメンテナンスが可能なものもあるが、心臓部である原子炉は、一度燃料を装填《そうてん》して運転を始めてしまったら二度と交換はできないどころか、大がかりな修理も不可能だ。原子炉に不具合が生じたり、正常に機能しなくなったりした場合は廃炉にする以外に対応策はない。つまり、「原発の寿命とは原子炉の寿命」と言うことができる。

原子炉の老朽化で最も問題になっているのが「原子炉の中性子照射脆化」である。原子力研究所に勤務した経験のある科学者の舘野淳は10年以上前の2000年に、著書『廃炉時代が始まった』（リーダーズノート）の中で次のように指摘していた。

〈鋼鉄製の圧力容器の壁は内側から強い中性子線の照射にさらされている。このため圧力容器は次第に脆《もろ》くなる。脆くなった圧力容器は、たとえば緊急時にＥＣＣＳの冷たい水が注入されるなどの熱衝撃がかかると、ちょっとした傷から裂け目（クラック）が入り、瞬間的に割れてしまう危険性がある。（中略）圧力容器が割れてしまうと、もはや冷却水をためておくことができず、炉心溶融という最悪の事故を引き起こす可能性が大きくなる。

構造的にいえば、ＢＷＲ（筆者注・沸騰水型）に比べてＰＷＲ（筆者注・加圧水型）のほうが炉心と圧力容器の距離が近く、そのぶん中性子の照射量が断然多い。またＰＷＲの圧力容器はＢＷＲに比べて肉が厚く、熱による歪みが大きい。したがってＰＷＲのほうがこの現象が起こる可能性は大きい〉

熱衝撃による破壊の例として、冷えたガラスのコップに熱湯をいきなり注ぐと、コップは割れるか、ひびが入ってしまうという現象がわかりやすいであろう。これは、コップの内側と外側で急激に温度が変わり、その差にガラスが耐えられなくなってしまったために起こる。原子炉の場合は逆で、常に高温に晒された原子炉に冷えた水がかかると、やはり急激な温度差に耐えられず、金属が破断してしまうというわけだ。

舘野によると、〈一般に鉄などの金属は低い温度では脆く、高温では脆くない状態にある。中性子を大量にあびると、この脆い領域から脆くない領域に移り変わる温度（脆性遷《ぜいせいせん》移温度《いおんど》と呼ぶ）が次第に高温側に上がっていく。つまり脆い領域が次第に広がっていくわけである。だからこの脆性遷移温度がどのくらい高くまで上がったかというのが危険性の一つの目安になる〉という。

脆性遷移温度がどれだけ上昇したかをチェックするために、原子炉内部には圧力容器と同じ材料でできた試験片がつり下げられており、国は必要に応じて、それを取り出して安全性を推定してきた。舘野は2000年当時、関電所有の原発では美浜原発1、2号機、大飯原発2号機が〈ここ10年のうちに脆性遷移温度が90℃を超える可能性がある〉と指摘していた。

日本原子力学会の『軽水炉圧力容器試験ハンドブック』で示された基準では、脆性遷移温度が93℃を超えたら要注意として破壊力学的な解析を行わなければならず、132℃（軸方向の溶接部に対する基準）および149℃（円周方向の溶接部に対する基準）を超えた場合には、〈熱衝撃による破損が起こる可能性があるので、使用中止、あるいは焼き鈍しなどの処置をとらなければならない〉とされている。

福島第一原発事故以降、東京大学の井野博満・名誉教授（金属材料学）も、九州電力の玄海原発1号機を例に、その危険性を警告している。井野教授によると、九州電力が公表した玄界原発1号機の脆性遷移温度は、運転開始当初の1976年には35℃だったのが93年には56℃、そして2009年には98℃となっていた。日本原子力学会が「要注意」としている93℃を超えていたのだ。ちなみに、関電の原発では高浜原発1号機の脆性遷移温度が、2009年時点で95℃となっていることがわかっている。

老朽化原発の運転期間延長について、原子力規制委員会は老朽化の状態を詳しく把握するため、圧力容器の材質である鋼板の超音波検査などを求めるとしている。また、原子炉建屋やタービン建屋などコンクリート製の構造物ではサンプルをとり、強度や遮蔽《しゃへい》能力など5項目の検査を実施するという。

先述したように、運転開始から30年を超える原発は国内に17基ある。電力会社が40年を超えて運転継続を希望する場合は、まず特別点検を実施して、40年を迎える1年前までに原子力規制委員会に延長を申請し、認可を受ける必要がある（制度の導入時点で運転開始から37年を超える7基には、移行措置として3年間の猶予期間が認められている）。

運転を延長するためには、特別点検の実施だけでなく、当然ながら２０１３年7月に施行された「新規制基準」に基づく災害・テロ対策なども求められる。老朽原発では、電源ケーブルを燃えにくいタイプに取り換えるなどの対応で巨額の投資が必要になるだろう。後述するように、中部電力は耐震性の強化のためにかかるコストが莫大になるため、経済性を主な理由として浜岡原発１、２号機の廃炉を決めた。

一方、関電はホームページで、〈関西電力が保有する美浜1～3号機、高浜1、2号機、大飯1、2号機のプラントを構成する機器・構造物について、高経年化対策に関する評価を実施した結果、大部分の機器・構造物については、現状の保全を継続していくことにより、長期間の運転を仮定しても、安全に運転を継続することが可能との見通しを得ました。また、一部の機器・構造物については高経年化への対応として新たに講じる必要がある保全項目が抽出されましたが、これらについては長期保守管理方針としてとりまとめ、具体的な保全計画に反映し、計画的に実施していくことにより、長期間の運転を仮定しても、安全に運転を継続することが可能との見通しを得ました〉としている。

採算のことなどは触れていないが、今のところ関電は20年を限度として老朽化した原発を運転し続けていく方針だ。

1-2 原発シミュレーション

巨大都市近郊への集中立地

関電の原発が立地する若狭湾一帯には、大地震を引き起こす無数の活断層群が存在している。中でも「柳ヶ瀬《やながせ》・関ヶ原《せきがはら》断層帯」は全長100キロも及ぶ巨大活断層で、もしここで地震が発生すればマグニチュード7・6とも言われている。

2011年5月23日、かつて国会で浜岡原発をはじめ原発の危険性を述べたこともある地震学の権威、神戸大学の石橋克彦・名誉教授が参議院行政監視委員会「原発事故と行政監視の在り方」に参考人招致され、地震を自然活動の一つと捉え、大きな視野で原発の危険性を説明した。「日本の原発はフランスやイギリスやドイツとかの原発とは違うんです。

日本の原発は、地震付き原発なのです」と強く訴え、「若狭湾一帯が非常に危険であることはもう間違いありません」と語った。

福島第一原発の事故原因について、電力各社と政府は巨大津波に限定しているが、大津波の前に、地震によって配管が破損した可能性も否定できない。事故はすべての原発の耐震性に疑問を投げかけている。老朽化した若狭の原発群は、活断層が原発の直下、またはすぐ横を走り、日本で最も危険な原発群であると指摘されている。

若狭湾の原発群から人口密集地の大阪まで１００キロ。しかも、関西に住む１４００万人にとって命の水がめ・琵琶湖は30キロ圏内に一部が含まれる。

もし、若狭湾で福島第一原発事故に匹敵するような過酷事故が起きたらどうなるのか。30キロ圏内に該当する自治体には約52万人（関西広域連合による指針２０１４年３月）が住んでおり甚大な被害をもたらす。琵琶湖が汚染されると、関西のどこに住んでいようが30キロ圏内で暮らしているのと同じこと。関西圏内に人は住めなくなってしまう。

観光地・京都もなくなるだろうし、福井県や京都の丹後や丹波の住民の多くが避難路を確保できず、冬季には雪に閉ざされることも忘れてはいけない。

にもかかわらず、原発事故が起きたらどうするのかと尋ねても、関西電力側の答えは決まって「起こらないようにします」。関電のホームページには、「５重の壁があるから放射

原子炉の構造(沸騰水型)

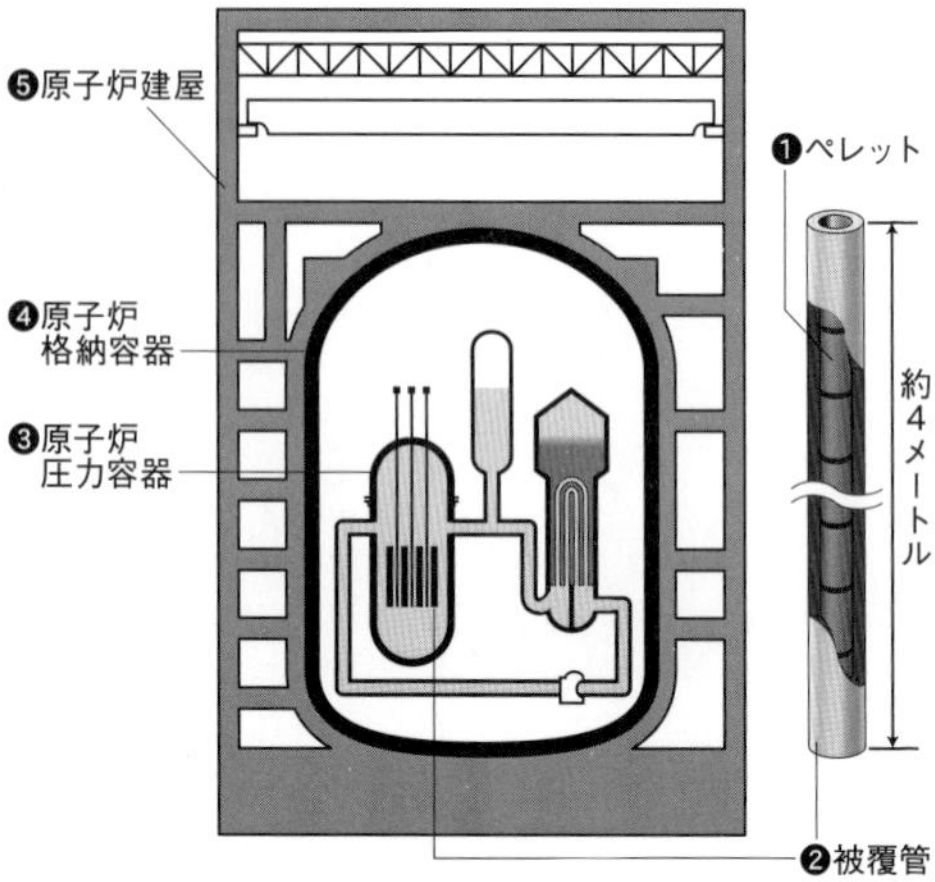

能漏れは起きない。安全だから再稼働しても大丈夫」と記されている。

5重というのは、「燃料ペレット」(ウランを陶器のように焼き固めたもの)、「燃料被覆管」(特殊合金の管)、「原子炉圧力容器」(厚さ20センチの鋼鉄製容器)、「原子炉格納容器」(厚さ3センチ以上の鋼鉄製容器)、「原子炉建屋」(厚さ1メートルのコンクリートの壁)のことである。

2012年6月に大阪市北区で開かれた関西電力の株主総会でもそうだった。

再稼働が認められた大飯原発3、4号機の安全性について株主から尋ねられたとき、関電の豊松秀己副社長はこう答えている。

「政府においても、大飯3、4号機について福島事故のような地震、津波が起こったとしても、事故対策は整っており、炉心損傷に至らないことが確認されています。当社は規制の枠組みにとらわれず、安全性向上の対策を自主的かつ継続的に進めることが不可欠と考えており、今後も新たな知見への対応、諸外国の動向を踏まえた対策を着実に実施してまいります」

さらに、大飯原発が加圧水型原子炉（ＰＷＲ）であり、福島第一原発の沸騰水型原子炉（ＢＷＲ）とは違うということを強調した上で、「漏洩した水素は廃棄設備を用いて滞留することなく排出されるため、爆発しません」と言い切った。

豊松副社長は京大大学院工学研究科で原子核工学専攻を修了後、１９７８年に関電に入社。一貫して原子力に携わり、原子力事業本部長を兼ねている。

また、「東京電力福島第一原発で想定外の事故が起きました。大飯原発における想定外の事故はどんなことなのか。いま原発を動かすのは危ないのではありませんか」という株主からの質問に対しても、こう答えている。

「若狭湾には（太平洋側にあるような）海溝型プレートがなく、想定される津波は２～３メートルと考えています。関電では福島と同じような津波、そこからプラス９メートルほどの津波を想定して安全対策を進めています。再稼働の判断について、昨年（筆者注２０１１年）７月に国によるストレステスト（耐性検査）導入が決まって以降、外部有識者による検討の結果、追加の安全対策を含め福島と同じ津波が来ても安全上問題がないとされました。福島での知見を踏まえ、さらなる安全対策30項目について、法制化を先取りするかたちで対応を進めています。福井県、おおい町の了解の下、安全性の確保を踏まえた上で再稼働を判断しています」

関電の原発の津波対策は2、3メートルである。というのも、関電は、「若狭湾が津波に襲われたと記した文献はない。だから日本海側に津波は起きない」などと住民に説明してきた。

だが、歴史家の研究で、1586年の天正大地震で津波に関する記述があることが判明している。吉田兼好の子孫にあたる吉田兼見が記した『兼見卿記』では、丹波、若狭、越前など若狭湾周辺に大津波が発生し家が流され、多くの死者を出したことが書かれており、『イエズス会日本書翰集』にも、〈町全体が恐ろしいことに山と思われるほど大きな津波に覆われてしまった。そして、その引き際に家屋や男女もさらわれてしまい、塩水の泡に覆われた土地以外には何も残らず。全員が海中で溺死した〉とある。

あらためて関電広報室に問い合わせてみたところ、その見解はこうだ。

「当社は、平成23年10月から平成24年12月にかけて津波堆積物調査を実施し、『約1万年間の地層』を調査した。また、文献調査として以前から把握していた文献も含め、天正地震に関する最新の地質文献、地震被害に関する文献、若狭湾沿岸の市町村により取りまとめられた郷土史に関する文献調査、さらに沿岸部の過去における標高の比較的低い神社の聞き取り調査も実施しており、天正年間を含め、『１万年の内に発電所の安全性に影響を及ぼすような巨大な津波は来ていない』と評価している。その結果は、平成24年12月18日に原子力規制委員会にも報告済みであり、その評価は変えていない」

若狭湾には４００年間の地震空白がある。日本海沖まで連なる活断層にたまったエネルギーは予想以上に大きく、巨大地震が来る可能性を否定できないとみる専門家もいる。

拡張シミュレーション

もし、福島第一原発で起きたような事故が起きれば、放出された放射性物質はどのように広がっていくのか。

「原子力規制委員会」（以下、規制委）が放射性物質の拡張シミュレーションの結果を発表したのは、２０１２年10月24日。国の機関が全国の原発で大事故を想定した被害を予測し、公にしたのは初めてのことだった。

このシミュレーションは、原発における年間の気象データから放射性物質がどう拡散するのか、方位、距離を計算したもので、原発周辺の自治体が地域防災計画を策定する際の参考になるよう、規制委の事務局である「原子力規制庁」と、規制委所管の行政独立法人

「原子力安全基盤機構」が16基の原発と東京電力福島第一原発に対して実施し、原子力規制委員会の第7回会合で報告された。

福島第一原発1号機から3号機の推定総放出量と同じ量の放射性物質が放出された場合と、各原発の出力の違いを考慮し、すべての原子炉でメルトダウン（炉心溶融）など深刻な事故が起きた場合の2つのパターンを想定しており、積算の被ばく線量が事故後7日間で避難が必要となる100ミリシーベルトに達する範囲を地図上に示している。

原子力規制委員会では、避難が必要とされる防災の重点区域を原発から半径8〜10キロだったのを見直し、国際原子力機関（IAEA）の基準に合わせて30キロに拡大した。それによって、重点区域で対象となる自治体数は、これまでの15道府県45市町村から21道府県135市町村に増えた。対象人口はのべ480万人と、福島県の人口200万人の倍以上を数える。

今回のシミュレーションによれば、当時、全国で唯一稼働していた関西電力大飯原発では、事故発生からわずか1週間で積算被ばく量が100ミリシーベルトに達する範囲が、原発から半径30キロを超えることがわかった。特に、南南西から南東方向に放射性物質が広がりやすく、県境を越えて南へ32キロ離れた京都市内でも積算被ばく線量が100ミリシーベルトに達している。

さらに、隣接する高浜原発が事故を起こすと、大飯原発も避難基準値に達する地域に入る。当然のことながら大飯原発の構内は立ち入り禁止となって運転を停止しなければならず、大きな影響を受けることになるのは間違いない。

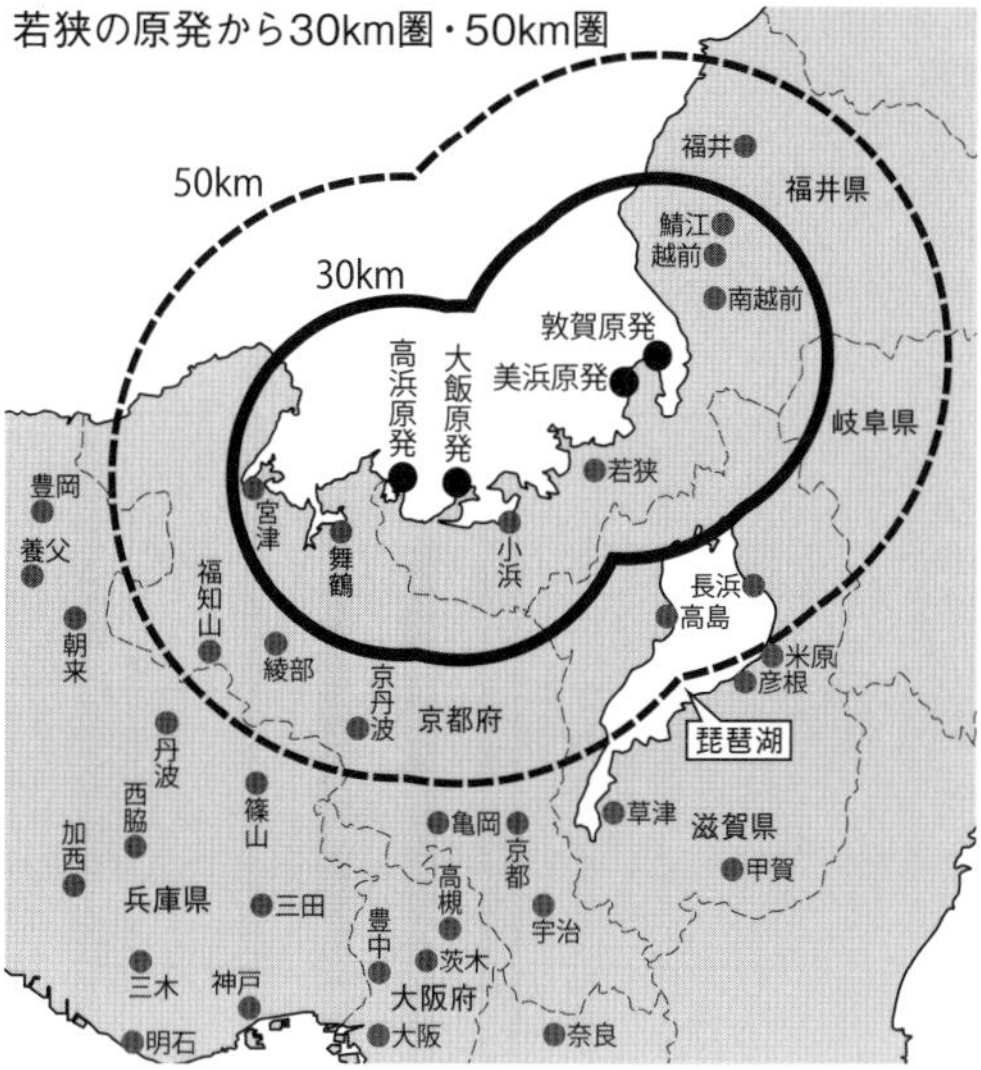

今回の原子力規制委員会によるシミュレーションに対して、滋賀県の琵琶湖環境科学研究センターの山中直・環境監視部門長はこんなコメントを残している。

〈風向き、風速などが１週間一定で、地形も平たんという「あり得ない想定」を置き、現実の地形や気象を前提とした県とは大きく異なる。確率は低いが起こり得る一部の風向きも除外されている〉（２０１２年10月25日付毎日新聞）

確かに、今回の計算は７日分の被ば

く量を、初日の風向き、風速が継続するとして計算している。7日のうち1日でも強風が吹き荒れる日があれば、放射性物質の拡散距離は今回のシミュレーションより遠方に広がる可能性があるのだ。

原子力規制委員会の田中俊一委員長は24日の記者会見で、〈原発事故を想定した放射性物質の拡散予測の結果を踏まえても、原発の周辺自治体の「原子力災害対策重点区域」の設定は「30キロ圏で十分」〉との認識を示している。

今回のシミュレーションは、原子力防災地域を30キロ圏内に封じ込めるための計算だったのではないかと指摘する声もある。

1-3 琵琶湖は守れるか

高速増殖炉「もんじゅ」

近畿地方の人々にとって、若狭湾に存在する関電や日本原子力発電などが所有する原発以外に、もう一つやっかいな発電所が存在する。日本原子力研究開発機構が所有する高速増殖炉「もんじゅ」だ。高速増殖炉とは、MOX燃料（ウランとプルトニウムの混合燃料）を使用して、消費した以上の燃料を生み出すとされる原子炉のことである。

プルトニウムは、核兵器への転用が容易であるため国際的にも非常に厳しく管理されてきた物質である。日本は、茨城県東海村の再処理工場で抽出したものや、フランスやイギリスに委託して返還されたものなどを含めて約10トンのプルトニウムを保有しているが、消費されなければ核兵器の原料をため込んでいることになり、国際社会の批判を浴びてしまう。そのためにも、高速増殖炉の開発が急がれるわけである。

しかし、「もんじゅ」は実験炉→原型炉→実証炉→商業炉という開発段階の中で2段階目の原型炉にあたり（日本における実験炉は茨城県大洗町にある「常陽」）、当初計画された1980年代前半とされた実用化は先延ばしが続き、現在では実用化が2050年となっている。

しかも、研究開発の事業費1兆円をかけてようやく試運転にこぎつけた「もんじゅ」は、1995年に冷却材であるナトリウム（後述）漏洩による火災事故を起こし、さらにそれが「動力炉・核燃料開発事業団」（以下、動燃）によって一時隠ぺいされたことなどから、長期にわたって運転を停止せざるを得なくなった。その後、運転再開のための本体工事が2007年に完了し、10年に2年後の本格運転を目指して運転を再開したものの、すぐに炉内の中継装置落下事故により再び稼働ができなくなって今日に至っている。

さらに、軽水炉とは違い「もんじゅ」は危険性が非常に高い原子炉であるという指摘がある。元京都大学原子炉実験所助教授の小林圭二は新聞うずみ火が主催する「うずみ火講座」をはじめとする講演で、「もんじゅ」の問題点に次の4点を挙げている。

①常に制御が難しく、一旦暴走をすると手がつけられなくなり、核爆発に至る可能性が高い

②冷却材に水の代わりにナトリウムを使用するが、水に触れると激しく反応して発火するなど、性質上扱いが非常に困難である。しかも、ナトリウムは水と違って不透明な液体であるため、原子炉の中が見えなくなり、点検が難しくなるだけではなく、事故などの際には原子炉内部の確認（目視）などができない

③猛毒で、半減期（放射線を出す力が半分に減る期間）が2万4000年とされるプルトニウムを燃料として使用する

④構造に無理（高温のナトリウムを使用するために配管を複雑に、しかも長く設置しなければならない。左図参照）があるため地震に対して非常に弱い

万が一、「もんじゅ」が核暴走事故を起こした場合には、チェルノブイリ原発事故と同様に原子炉そのものが吹き飛び、放射能が環境に一気に放出されてしまうというのだ。

「もんじゅ」をめぐっては、周辺住民などが1985年、原子炉設置許可処分の無効確認（国を相手にした行政訴訟）と、建設・運転の差し止め（動燃を相手にした民事訴訟）を

求めて提訴をした。
　2000年に一審の福井地裁が原告敗訴の判決を言い渡したものの、03年には二審の名古屋高裁金沢支部が原告の訴えを認め、原子炉設置許可処分の無効を言い渡している。その後、05年に最高裁が再び原告敗訴の判決を言い渡し裁判は終了したが、司法も一旦は原告が訴える危険性、同時に国の安全審査のずさんさを認めたのであった。

「もんじゅ」の配管の複雑さ

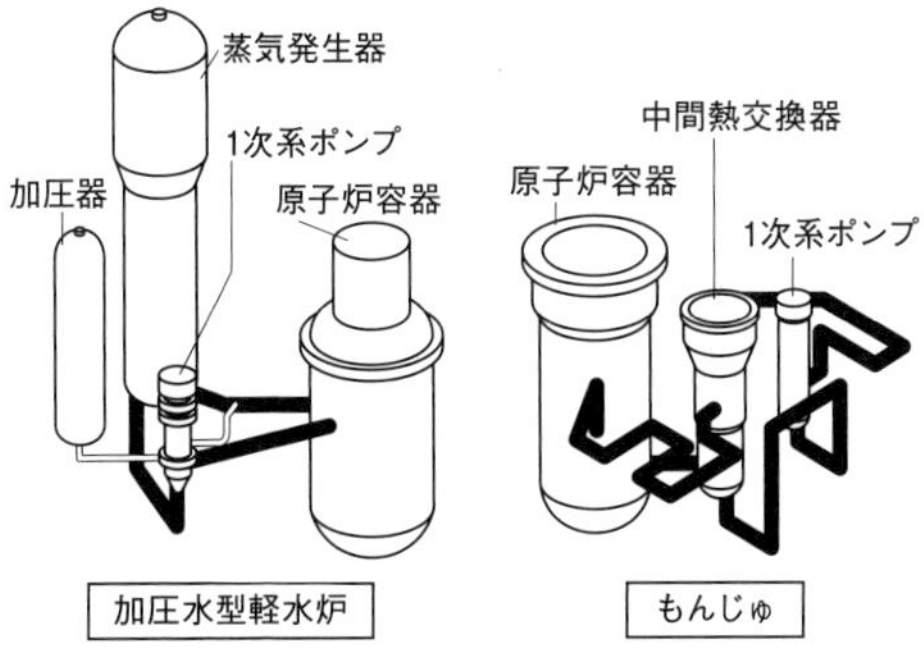

　ちなみに、動燃は「もんじゅ」のナトリウム漏れ事故以降、さまざまな不祥事が重なり、1998年に核燃料サイクル開発機構に改組後、2005年には日本原子力研究所と統合されて現在の「日本原子力研究開発機構」となっている。
「もんじゅ」は、炉内の中継装置落下事故の後、2011年に装置の引き上げに成功したものの、試験運転の準備中に1万件に及ぶ点検漏れが発覚し、原子力規制委員会から停止命令が出された。今のところ再開の見通しは立っていないが、高速増殖炉の開発や核燃料サイクル政策が断念されたわけではなく、再び稼働する余地は残されている。もし、再び稼働するならば、従来の危険性に加えて、これまでに経験したことがない20年近く運転を停止していた原子炉を動かすというリスクを抱えることになるだろう。

小林は、「もんじゅ」が核爆発をした場合、核燃料が100メートルの高さまで放出され、毎秒2メートルの風が吹いていたと仮定すると、長期的に大阪府内で195万人のガン死者が出ると試算している。その試算の是非はさておき、「もんじゅ」に限らず、日本海側の原発で福島第一原発と同レベルの巨大事故が起これば、風向きによって関西圏が深刻な汚染に晒されることは間違いない。福島第一原発事故では、空気中に飛散した放射能による山林や河川の汚染が深刻であったが、関西はさらに風下に人口密集地、そして琵琶湖が控えていることで、より被害が広がる可能性がある。

関西の水がめを直撃

琵琶湖は、言わずと知れた滋賀県にある日本で最大の面積と貯水量を持つ湖だ。「湖沼水質保全特別措置法」に指定されている「関西の水がめ」でもあり、水鳥を食物連鎖の頂点とする湿地の生態系を守り湿地を保存する目的で制定された「ラムサール条約」に登録されている自然豊かな湿地も有している。

滋賀県の面積の約6分の1を占め、流れ出る水は瀬田川や宇治川、淀川と名前を変えて、大阪湾まで到達する。湖水は淀川流域の上水道として利用され、京都市は琵琶湖疏水から取水していることから、飲料水としてもまさに「関西の水がめ」なのである。

面積の大きさゆえに、琵琶湖の生態系は実に多様で１０００種類を超える動物や植物が生息している。中には琵琶湖やその水系にのみ生息する、いわゆる固有種も数多く確認されていて、独特の漁業も発達してきた食材の宝庫でもある。

東京電力福島第一原発事故後の２０１１年6月、原子力安全・保安院（当時）が発表した自己評価報告書によると、ヨウ素１３１、セシウム１３４、セシウム１３７、プルトニウム２３８、プルトニウム２３９、ストロンチウム90など、31種類の放射能が環境中に放出された。これらのうち、原発事故で特に注目されるものが、毒性が強く半減期（放射線を出す力が半分に減るまでの期間）が2万4０００年と長いプルトニウム２３９、半減期は８日と比較的短いが甲状腺にたまりやすいヨウ素１３１、そして半減期が約30年と比較的長く、広範囲にわたって土壌汚染や海洋汚染をもたらすセシウム１３７である。

福島第一原発事故後の4月に、文部科学省とアメリカのエネルギー省が約１５０～７００メートル上空から、原発周辺の土壌など地表の１～２キロ四方で放射能の蓄積量を測定し汚染地図を作成している。それによると、セシウム137の蓄積濃度が1平方メートルあたり60万ベクレル以上に汚染された地域は、約800平方キロに及んでいた。これは東京都の面積の約4割、琵琶湖の面積の約1・2倍に相当する。

琵琶湖には、取り囲む山地から119本もの一級河川が流れ込んでいる。もし、福井県や石川県にある原発が事故を起こし、放射能が大量に放出されれば琵琶湖そのものと同時に、周囲の山林も汚染することになるだろう。時間が経つにつれ、山林から雨などで流された放射能は川をつたって琵琶湖に流入するはずだ。そうなれば、もはや琵琶湖の水は飲料水としては利用できなくなってしまう。

2013年11月、滋賀県は第2回滋賀県地域防災計画（原子力災害対策編）の見直し検討会議において、放射性物質の琵琶湖への影響予測（中間報告）を報告した。

報告によると、

〈福井県に所在する原子力発電所で、福島第一原子力発電所事故と同様な事故が起こったと想定し、放出された放射性物質による琵琶湖への影響について検証しました。

・予測は、琵琶湖環境科学研究センターが所有する大気シミュレーションモデルで湖面および流域への沈着量を予測し、その結果を琵琶湖水物質循環モデルに入力して、琵琶湖内での放射性物質の拡散状況を予測しました。

・その結果、最悪の場合には、セシウムでは、北湖で10日程度、緊急時の飲食物の摂取制限基準である1リットルあたり２００ベクレル（平常時の飲料水の出荷制限基準は1リットルあたり10ベクレル）を超える水域が20％程度見られました。また、ヨウ素では北湖で5日程度、南湖では、7日程度、摂取制限基準である1リットルあたり３００ベクレルを超える水域が見られました。南湖での事例では、事故後数日にわたって、基準を超過する水域が増加する状況も確認されました〉

なお、この報告はあくまでも事故直後の汚染状況を最小限に示したものであり、残留放射能の影響などについては触れられていない。

また、滋賀県は淀川など下流の河川への影響は調査の対象とはしていない。今後は実際の気象データを使った大気中の拡散予測と組み合わせて、福井県に立地する原発ごとに琵琶湖への影響を算出して、取水制限の必要性なども検討し、国に対策を提案することになっている。

いずれにしても、琵琶湖が深刻な放射能汚染に晒されることは間違いなく、その影響は滋賀県のみならず周辺の府県の飲料水を直撃することになるのだ。もちろん、琵琶湖で獲れる魚介類は、食物連鎖による濃縮などがあり、さらに高い汚染濃度となり、長きにわたって食卓に上ることはなくなるだろう。

福島第一原発事故から1年余りが経過した2012年4月、琵琶湖よりも原発から遠い位置にある茨城県の霞ヶ浦で捕獲した魚（ギンブナなど）から、国の基準値（1キログラムあたり100ベクレル）を超える112〜175ベクレルのセシウムが検出されているからだ。

除染の難しさ

琵琶湖が原発事故によって放射能汚染されてしまった場合、「関西の水がめ」として復活する余地はあるのだろうか。

仮に、琵琶湖の水から何らかの方法で放射能を取り除けた（あるいは低減できた）としても、前述したように周辺の山地から多くの河川が流れ込んでいる。琵琶湖を完全に蘇らせるためには、周辺の広大な山林も除染しなければならないわけだが、それがほぼ不可能であることは福島第一原発事故後の除染の状況を見れば明らかであろう。

福島第一原発事故で放出されたセシウムなどの除染のため、国は事故後3年間で既に1兆円を超える費用を投入している。しかし、全村避難をしている飯舘村の前田地区で区長を務める長谷川健一は、新聞社のインタビューに「家の周りをいくら除染しても、山を除染しなければ放射性物質（放射能）が流れ込んでくる」と訴える。

福島第一原発から20キロ圏内と、事故後１年間の積算被ばく線量が20ミリシーベルトを超える福島県内の11市町村では、国が直轄で除染作業を行っている。公共施設などを除染した上で、楢葉町、飯舘村など４市町村では住宅や農地などに着手した。国は除染費用として２０１１年度と12年度で５７００億円を計上し、13年度も５０００億円を予算要求して作業に当たっているが、その効果を疑問視する声も多い。

13年３月７日付の朝日新聞の東日本大震災２年の特集記事には、以下のような記述がある。

〈ある程度の広さの場所ではどうか。12年１～３月に実施した大熊町の坂下ダム管理事務所と周辺約２千平方メートルの除染では、高さ１メートルの線量で、毎時１・５～２・０マイクロシーベルトだった芝生やアスファルト部分が同０・５～１・５マイクロシーベルトに。全体的に線量が下がった。だが、毎時３マイクロシーベルト前後あった倉庫裏の草地はほぼ半減したものの、背後の山林からの影響が残っているとみられる。劇的には下がらぬ線量。環境省の担当者は「狭い範囲の除染では、周囲の影響を受けて効果が見えにくくなる。範囲を広げることで全体的に下がっていく」と説明している〉

つまり、事故後１年が経過してもなお、線量に増減があることが示された。

また、住民の８割が未だに避難中である川内村の遠藤雄幸村長は、新聞社の取材に次のように答えている。

〈汚された立場から言えば「きれいにしてくれ」と言うのは当たり前です。ただ、相当なお金がかかっています。村の除染だけで、すでに200億円が使われました。8割は山林なので全部やると単純計算で1千億円以上になります。本当にやり続けることができるのでしょうか〉

除染は、地形を含めた土地の特性により、効果が得られる場合と、ほとんど効果が期待できない場合がある。どんな場所でも、一時的には効果があるように見えるが、場所によっては時間が経つと、元に戻っているのが現状だ。特に山林が近くにある場所ではあまり効果が期待できない。放射能は、消滅することはない。

例えば、半減期30年のセシウムの場合、30年経ってやっと半分に減り、60年後に4分の1、90年後に8分の1と、半永久的に「0」にはならないのである。

また、除染作業とは放射能を「移動」させているだけに過ぎず、ある所から除去すれば他の所に堆積（例えば除染後の土や草木などは仮置き場に集積されているし、水で洗い流せば文字通り「移動」する）して、どこかが低くなればどこかが高くなる。陸上の除染が進めば、湖岸や沿岸の汚染が進むことになるし、すべての汚泥を回収して保管する事は不可能なので、除染すれば着実に川や湖、海を汚染していくのだ。

市街地を除染しても、山林が吸着した放射能は徐々に放出される。福島県川内村では全１２２世帯に住宅除染が実施されたが、村が除染後43％に当たる５２６世帯で目標放射線量とする毎時０・２３マイクロシーベルトまで低減できなかったことがわかった。

草木が吸着、吸収した放射能は、やがて朽ちて腐葉土、土となり風で拡散したり、河川に流出したりしていく。ひとたび若狭湾の原発で事故が起こり、汚染が広がれば、琵琶湖を「関西の水がめ」として復活させることはほぼ不可能と言ってよい。もちろん、「もんじゅ」が原子炉の暴走・核爆発というような破局的な事故を起こせば、琵琶湖の汚染だけ取り上げてすむ話ではなくなる。

また、関電の高浜原発３号機は２０１１年からプルサーマルを実施している。プルサーマルとは、本来は高速増殖炉などで使用するＭＯＸ燃料を軽水炉にウラン燃料と混ぜて使用することだ。高速増殖炉の開発が遅れていることから、日本は余剰プルトニウムをため込んでしまったために、消費するための窮余の策としてプルサーマルを推進しようとしている。プルサーマルではＭＯＸ燃料と従来の燃料を不均一に配置するため、プルトニウムがこれまで以上に高濃度となり、暴走の危険性が高まるという指摘がある。

毒性が高い放射性ヨウ素とトリチウムの発生量が増えるため、万が一、事故が起きた場合、その汚染は通常の軽水炉より深刻になるとも言われている。日本原子力研究開発機構、日本原子力発電、北陸電力とともに、関電は絶対に事故を起こすわけにはいかないのだ。

1-4 関西電力の安全対策

関電からの回答

関西電力はどのような安全対策をとっているのか。2014年2月13日付で、関西電力広報室あてに取材依頼書を送った。質問事項は次の通り。

(1) 原発に対する安全対策
①安全確保のためにどのようなことをしているのか。
②安全性向上のために、これまでに貴社独自の研究や技術開発があったか。
(2) バックエンド対策(バックエンドとは使用済み燃料の処理を含むあと処理のこと)
①使用済み核燃料をどうするのか。また、対応のために貴社独自の研究はしているか。
②廃炉に向けての研究は進んでいるのか。
(3) 原子力・エネルギー関連研究

①発電以外に原子力を利用した研究・開発はしているのか。
②原子力以外の発電方法に関してどのような研究・開発を行ってきたのか。

関西電力広報室から電話での回答を得たのは2月28日。男性社員が受話器の向こうで読み上げる内容を一字一句漏らさず書き取っていった。

（1）原発に対する安全対策

①安全確保のためにどのようなことをしているのか。

当社は、これまで福島第一原子力発電所事故のような極めて深刻な事故を二度と起こしてはならないとの固い決意のもと、原子力発電所の安全性向上対策を実施している。

具体的には、福島第一原子力発電所事故直後、当社原子力発電所において緊急安全対策を実施するとともに、平成24年4月には国による大飯発電所3、4号機の再稼働の判断基準が示されたことを受け、その判断基準に対応した更なる安全性・信頼性向上のための実施計画（30項目）を取りまとめ、原子力発電所の安全対策を実施している。

さらに、平成25年7月8日に新規制基準が施行されたことから、すでに新規制基準に適合していることを確認していただくための申請を行っている。大飯発電所3、4号機、及び高浜発電所3、4号機について、新規制基準に適合させるための対策を実施している。なお、他のプラントについても、現在、新規制基準への適合性について確認を行っているところである。

当社は、今後も引き続き、安全の取り組みに終わりがないことを肝に銘じ、既成の枠組みに止まらず、新たなる知見が得られた場合は迅速かつ世界最高基準の安全性を確保すべく、原子力発電所の安全確保に万全を期していく。

②安全性向上のために、これまでに貴社独自の研究や技術開発があったか。

当社は、原子力発電所の安全性・信頼性を向上させるため、海外の知見や国内外の最新の情報を積極的に収集し、原子力発電所の安全性・信頼性の向上に関する研究や技術開発に取り組み、世界最高水準の安全性を達成すべく、自主的かつ継続的に対策を実施してきた。

内容としては、国内外の原子力プラントのトラブル情報などに基づいた経年劣化研究や福島第一事故を踏まえて、シビア・アクシデント対策にかかる技術内容などといったものがある。

（２）バックエンド対策

①使用済み核燃料をどうするのか。また、対応のために貴社独自の研究はしているのか。

わが国はエネルギー自給率が５％と極めて低く、原油価格の高騰や化石燃料調達先の特定地域の依存など、さまざまなリスクに直面しており、原子力発電及び原子力燃料サイクルは今後ともエネルギーの安定供給やエネルギー資源の有効利用の観点から重要であると考えている。

したがって、当社としては、使用済み燃料は発電所の使用済み燃料貯蔵設備などにおいて一定期間、適切に貯蔵したあと、日本原燃株式会社において再処理することとしている。また、六ヶ所再処理工場の再処理能力を越えて発生する使用済み燃料については、将来の貴重なエネルギー資源として適切に貯蔵管理することにしており、このために必要となる中間貯蔵施設の設置についても、できるだけ早く立地地点を確保するよう努力している。使用済み燃料の再処理に関して、当社が独自に実施している研究はないが、日本原燃において使用済み燃料の再処理で発生する高レベル廃液、ガラス固化技術の、さらなる向上を図るための新型ガラス溶融炉の開発などを行っており、当社も協力支援している。

②廃炉に向けての研究は進んでいるか。

当社としては、特定のプラントを廃炉にすることを目的とした研究をしているわけではないが、一般的には世界ではすでに約150基のプラントが廃止措置に入っている。このうち、すでに国内ではJPDR（日本原子力研究所の動力試験炉）、海外で複数のプラントにおいて廃止措置が完了しており、現在の技術で廃止措置を実施することは可能と考えている。したがって、当社として将来的に合理的な廃止措置を実施することを念頭に海外等の技術動向の調査を実施している。

（3）原子力・エネルギー関連研究

①発電以外に原子力を利用した研究・開発はしているのか。

当社は電気事業社であり、当社事業に必要となる原子力発電所の安全性・信頼性向上に関する研究などに注力しており、発電以外の原子力を利用した研究については実施していない。

②原子力以外の発電方法に関してどのような研究・開発を行ってきたのか。

エネルギー自給率が5％と極めて低いわが国の実情を考えれば、原子力を含め、エネルギー・セキュリティーや環境性・経済性の面など、総合的に検討した最適な電源の組み合わせについては多様なオプションを持っておくべきだと考えており、原子力発電以外の電源である水力発電、火力発電において電力の安全・安定供給や生産性向上などに向けた研究開発を行っている。

　また、電源のさらなる多様化と系統電力の低炭素化に向けた取り組みとして太陽光発電、風力発電などといった再生可能エネルギーの積極的導入を図るための研究開発についても実施している。

第2章　関電の歴史

2-1 電気事業の始まり

関西電力はどのような経緯で生まれ、巨大産業に成長していったのか。その社史を紐解く前に、日本の電気事業の歩みを簡単に振り返っておきたい。

風吹けど燈明消えず

わが国の電気供給事業は、1885年2月15日創業の「東京電燈株式会社」（東京電力の前身）に始まる。「日本のエジソン」と評された工学者の藤岡市助、大倉財閥の創設者で実業家の大倉喜八郎、銀行家の原六郎、阿波徳島藩最後の藩主で東京府知事や貴族院議長を歴任した蜂須賀茂韶《しげあき》らが発起人となり、国から会社の設立許可を受けた。

東京電燈は、電灯局（火力発電所）の建設を当時の東京市内5カ所で進めた。4年後の1889年11月に日本橋区南茅場町（現・中央区日本橋茅場町）に完成した第2電灯局が日本で最初の一般供給用発電所と言われている。

当初、電灯は石油ランプより割高だった。電灯1個を1時間つけておくと料金は8厘。当時の白米1合分と同じ値段で、一般家庭にはぜいたく品だった。それでも第2電灯局の開設当時138灯だった電灯事業は、5つの電灯局が完成する3年後に5565灯、翌

1893年には1万灯を突破する。

その年、東京電燈は200キロワットの国産大出力交流発電機を備えた浅草火力発電所の建設を開始。3年後に完成させた。

東京電燈の開業に刺激され、各地で電気事業が誕生する。関西では1889年10月に「神戸電燈株式会社」が、翌90年2月には関西電力の源流にあたる「大阪電燈株式会社」が設立された。

大阪電燈の発起人には、鴻池善右衛門や住友吉左衛門ら当時の大阪を代表する財界人が名を連ねた。初代社長に選出されたのは土居通夫。後に、「第5回内国勧業博覧会」を成功させて商都のシンボル「通天閣」を建設した明治、大正期の大阪を代表する実業家である。

土居は伊予宇和島藩出身で、幕末にはそろばんのできる勤皇派の志士として珍重され、坂本龍馬とも親交があった。明治維新後、司法省に入り、東京裁判所判事、兵庫県裁判所長、大阪控訴裁判所所長などを歴任。退官後、大阪府知事の紹介で若くして鴻池家の顧問に推挙される。土居は、家政改革に尽力するとともに、鴻池家が関係していた諸事業に参画。大阪電燈社長になったのをはじめ、鶴鉄道や伊賀鉄道、京阪電鉄、明治紡績、大阪実業銀行、毎日新聞社、日本生命保険会社など多くの会社の重役となったほか、堂島米穀取引所理事長、大阪銀行取引所理事長、日本電気協会会長などの要職も歴任した。

１８９５年には関西財界の重鎮・五代友厚《ごだいともあつ》亡きあと、「大阪商業会議所」（現・大阪商工会議所）の第7代会頭となり、１９１７年に80歳で亡くなるまでの22年間その職を務めている。

大阪電燈社長に就任した土居は、東京への対抗意識から東京電燈が販売権を持つ米エジソン電燈会社（直流式）ではなく、米トムソン・ハウストン社（交流式）から機械を導入し、西道頓堀（現・大阪市中央区）に発電所（30キロワット）を建設した。「風吹けども燈明消えず」「火の災いなし」を宣伝文句に加入者を募り、商都に夜の活気をもたらした。

その後、エジソン社はトムソン・ハウストン社に事実上統合され、ゼネラル・エレクトリック（ＧＥ）社が発足。大阪電燈はＧＥ社の販売権を一手に獲得する。東京電燈は交流発電方式に転換するにあたり、大阪電燈に対抗するためドイツのアルゲマイネ（ＡＥＧ）社から交流発電機を購入した。ＡＥＧ社は50サイクル、ＧＥ社が60サイクルだったため、東日本、西日本の周波数の相違が生まれたのである。

日清、日露戦争に伴う戦時経済の発展で、電気は電灯としてだけでなく「動力」としても利用されるようになっていく。

日露戦争から第一次世界大戦にかけて、大阪電燈は6カ所の発電所を新設。特に1910年に完成した安治川西発電所は、発電機容量がそれまでの4倍近い9000キロワットの大容量発電所で、新設当時「東洋一」と称された。

この年、16歳の少年が大阪電燈の幸町営業所に内線見習工として入社している。後に松下電器産業（現・パナソニック）を創業し、世界的な大企業へ成長させた松下幸之助である。内線係は各家庭を回って電灯増設のための屋内配線工事をする工事担当者で、見習工の仕事は内線係の後から材料を積んだ丁稚車を引いていく機材運び。松下少年は大阪に導入された路面電車を見て新時代の到来を予感し、電気事業に関心を持つようになったという。仕事の飲み込みも早く、入社わずか3カ月で見習工から工事担当者に昇格。22歳のときには最年少で工事担当者の目標である検査員に昇進する。

当時、電球の取り外しは危険な作業だった。松下は電球を簡単に取り外すことができる改良ソケットを在職中に考案。入社7年後の1917年、松下は独立して「松下電気器具製作所」を創業し、二股ソケットに続き、カンテラ式で取り外し可能な自転車用電池ランプなどを次々に発明し、ヒットさせる。

群雄割拠の時代

需要地の都市部に大規模火力発電所を相次いで新設し発展した大阪電燈だったが、第一次世界大戦による機材の輸入途絶と石炭価格の暴騰で経営危機を招く。

大戦後、電力消費量はそれまでの5倍に激増。電気会社も全国で1000社を数え、群雄割拠の時代を迎えた。関西でも民間電鉄会社などが新規参入する中、京都で創業した宇治川電気（関西電力の前身の一つ）が大阪電燈のライバルとして台頭していく。当時の電力会社は都市部に火力発電所を設置して電力を賄っていたが、需要に追いつかない状況が続いたことから、山間部に大型の水力発電所を創設し、長距離の高圧送電線で都市部に送電するという新たな電力開発手法が取られるようになった。

宇治川電気は、淀川上流の宇治川水系に水力発電所を建設して京阪神に送電するという計画のもと、関西財界が総力を挙げて立ち上げた電力会社である。資本金1250万円。当時、国内最大の電力会社だった東京電燈の715万円を遥かに凌駕する大規模会社であった。初代社長には「大阪商船」社長の中橋徳五郎が就き、土居通夫や京都経済界の指導的立場にあった高木文平ら関西財界の大物も役員に名を連ねた。1913年に京都府宇治市に完成した宇治発電所の常用出力は2万2140キロワットで、大阪電燈の総容量（2万3900キロワット）にほぼ匹敵するほどであった。

この時期、電気事業の公営化の動きが大阪でも進み、１９２３年、大阪電燈はすべての営業地域を大阪市に買収されてしまう。残った設備、関西・中部地方へ電力供給を行っていた「大同電力」（関電の前身の一つ）の手に落ちる。大同電力は１９２１年、「大阪送電」、「木曽電気興業」、「日本水力」の３社が設立した会社で、社長は福沢諭吉の婿養子であり、「日本の電力王」「経営の鬼才」などと呼ばれた福沢桃介《ふくざわももすけ》である。

一方、宇治川電気は大阪市と電力供給の協定を結んで需要確保に成功。京都でも京都市、京都電燈との間で供給地域を分担することで決着をつけ、電気の大口消費先である近江鉄道や兵庫電気軌道などの電鉄会社を次々に買収していく。

この時代、電気事業者間の競争も熾烈で複数の電燈会社が送電線を平行して張り巡らせ、一つの家庭の需要を争奪し合うなど、電力戦が繰り広げられた。

１９２９年の世界大恐慌のあと、合併や買収が繰り返された「電力戦国時代」を勝ち抜いたのは、宇治川電気（本社・大阪市）、東京電燈（本社・東京市）、大同電力（本社・大阪市）のほか、九州北部・近畿・中部で幅広く事業展開していた「東邦電力」（本社・東京市）、宇治川電気とその親会社の大阪商船が設立した「日本電力」（本社・大阪市）の５大電力だった。

５大電力会社が中心となり、木曽川や信濃川、飛騨川などで水力発電の建設を進めるたびに、地元住民とのあつれきが生まれた。各地で紛争にまで発展することが増えたことから、内務省が1926年に「河川行政監督令」を発令する。ダムや水力発電を河川に設置するには内務大臣の許認可が必要となり、国家の電力事業介入への第一歩となった。

日本が戦時体制に移行していくと、自由主義経済を否定し、国家による「統制経済」を目指す軍部や官僚たちが勢力を拡大していく。彼らが標的としたのが電気事業である。

1938年、電気事業を国家管理の下に置くための「電力国家統制法案」が国会に上程される。これには電力業界も猛反発、東邦電力社長の松永安左ヱ門は軍部に追随する官僚たちを「人間のくず」と批判し、軍部の抑圧を受ける。

翌39年には民間の電気会社の設備を強制的に出資させて設立した特殊会社「日本発送電株式会社」が発足。日本発送電は電力の「生産」と「卸」を受け持つ国策会社で、全国の電力生産を独占した。

電力事業の国家管理第二弾は、1941年の「配電統制令」による地域配電会社の統合であった。翌年には、宇治川電気や東京電燈などの既存の電力会社が解散させられ、全国各地の「小売」を受け持つ配電会社が北海道、東北、関東、中部、北陸、関西、中国、四国、九州という9つの地域ごとにまとめられて日本発送電の配下に再編された。「生産」と「卸」に続いて、「小売部門」までが国家の統制化に置かれることになった。

国の総力を戦争遂行に集中させるため、電力も軍需産業への供給が最優先され、一般の電灯需要も制限されていった。

太平洋戦争末期、米軍の無差別空爆によって全国の都市が次々と壊滅していった。火力発電所や変電所は破壊され、発電・配電機能は喪失した。攻撃を免れた水力発電所も老朽化の上、補修点検もできず、事故が続発する。

「電力の鬼」による電力再編

敗戦後、日本は深刻な電力不足に襲われた。

戦時中は、電力供給抑制策で必要最小限の電力需要しかなかったが、敗戦によって「縛り」がなくなり、電力消費が格段に増えたのである。

敗戦後も日本発送電と９配電会社は国家管理の体制のままだった。日本の占領政策を実施した「連合国軍最高司令官総司令部」（ＧＨＱ）は「過度経済力集中排除法」を成立させて財閥解体を進め、電力の国家管理が戦争遂行の遠因となったとして電力事業を再編し、民営化することを日本政府に求めた。

再編案について、日本発送電側は国の管理を維持する「全国一社化」を打ち出したのに対し、配電側は民有民営による「地域別会社化」を主張して対立。１９４９年11月、第２

次吉田茂内閣のもとで通産大臣の諮問機関「電気事業再生再編成審議会」が発足し、委員長には元東邦電力社長で「電力の鬼」と呼ばれた松永が就いた。74歳で再び電気事業の第一線に復帰したのだ。

松永は、戦後の日本復興を支えるのは電力であり、電気事業の競争による発展が欠かせないとの信念を持っていた。その構想は、戦中の日本発送電を含むすべての設備を分割し、9つの配電会社に配分し、地域ごとに電力配給の責任をもつ「9分割案」体制だった。だが、「中央の日本発送電を残す案」を推薦する他の委員や財界人、さらには「10分割案」を考えていたGHQとも意見の一致をみなかった。審議会でも、松永がただ一人、日本発送電と9配電を解体して、発電・送電・配電を一貫して行う電力会社の9分割案を主張し、他の委員と対立した。

「戦前の民間経営の時代には競争を通じて血の出るような経営努力がされていた。今度は、電力会社を真面目な私企業にするつもりだ」

松永は決して引こうとはしなかった。

松永は1875年、長崎県壱岐の富裕な商家に生まれた。幼い頃から「広い世界に出たい」と志して15歳のときに上京、慶應義塾に入って福沢諭吉の薫陶を受ける。福沢の独立自尊の信念に強い影響を受け、これが後に官僚統制や独占企業と戦う松永の姿勢を培うことになる。

35歳のとき、水力発電による電気供給を行う「九州電気株式会社」を設立し、取締役となった。第一次世界大戦が勃発すると、日本は戦争特需で急速に工業化が進み、エネルギー需要も急増した。各地に電力会社が生まれ、その数は1000を超えていたと言われる。

松永は近畿、東海地方の群小電力会社を次々に統合して、1922年には九州、関西、東海地方に供給する「東邦電力」を設立。まさに、電力の戦国時代に現れた風雲児であった。名古屋では3万5000キロワットの最新鋭火力発電設備をアメリカから2台導入。まだアメリカでも稼働していない最新最大の設備だったので、ニューヨークタイムズ誌にも報道されたほどだ。

1926年、東京での営業許可が下りると、松永は東邦電力の子会社「東京電力」（現在の東京電力ではない）を設立し、「良質、低廉、サービス」をモットーに猛烈な売り込みを開始した。東京は、日本で最も古い伝統を持ち、規模も断然大きな東京電燈の牙城。新興勢力の東京電力との覇権争いは熾烈を極める。東京電燈は阪急電鉄の総帥・小林一三を幹部（のちに社長）に招き、松永に対抗した。松永と小林は慶応義塾の同窓でもある。

翌27年には、三井財閥の大番頭だった池田成彬の仲介により、東京電燈は東京電力を吸収する形で合併し、松永は東京電燈の取締役となる。

アメリカに始まった大恐慌は、ほどなく日本を直撃し、労働者や農民の困窮が深まると、電力国営化論が盛んに論じられた。松永は、「民営化こそ、自由競争の原理が働き、豊富で低廉な電力を供給できる。この低廉なエネルギー源をあらゆる事業が有効活用することによって日本は発展する」というのが持論で、電力の国家管理にも反対だった。

挙国一致体制を確立したい近衛文麿首相から大蔵大臣への就任を打診された松永は、にべもなく断っている。「それでは、大政翼賛会に入って、指導していただけないか」と懇願されると、松永は「なおさら嫌だ。統制経済をやる大政翼賛会は私の仇敵だよ」。

やがて、松永は軍部に追随する官僚たちを「人間のくず」と批判したため、軍部の怒りを買うことになり、67歳で一切の公職を捨てて隠棲する。それゆえ戦後、小林ら財界の大物が戦争協力者として「公職追放」される中、松永は追放を免れ、電力再編の重責を担うことになる。

審議会は松永一人の抵抗で両論併記という異例の結論となった。その直後、池田勇人が通産大臣兼大蔵大臣に就任。松永はすぐさま池田蔵相のもとを訪ね、日本の復興と電力再編成について熱心に持論を説明し、まず国の発展を優先させる主張を展開した。その熱心さに池田蔵相は松永案を了承する。

池田蔵相は松永案を「電気事業再編法案」などにまとめ、国会に提出した。だが、自らの利権を守りたい日本発送電側はさまざまなコネをたどって政財界の有力者に反対工作を行った。労働組合も10万余の組合員を動員して停電ストライキをうち、「電力の鬼・松永を倒せ」と叫びながら各地でデモを行った。主婦連も「民営化されれば、資本家たちは大幅値上げをして私たち庶民を搾取する」とシャモジを突き上げて反対した。松永はそういう主婦連幹部の集まりにも顔を出して、自説を説明して回った。

「電気事業の自立なくして今後の日本復興はあり得ない」

1950年5月、電気事業再編法案は審議未了となり、廃案が確定した。だが、松永は何度もGHQに足を運び、根気よく説明した。

講和条約を成立させて占領地行政を早く終わらせたかったGHQの意向も追い風になり、占領軍総司令官のダグラス・マッカーサーは吉田茂首相あてに「松永案による電力再編を実施せよ」との「ポツダム政令」を出した。連合国最高司令官の特別命令を、占領下の日本政府は拒否できない。12月には、地域別に発電から送電・配電までを一貫して行う民営会社9社と、通産省（現・経済産業省）から独立し総理府（現・内閣府）の外局としてこれらを統轄する「公益事業委員会」の発足が決まった。委員長には元東京帝国大学教授で商工大臣（現・経済産業大臣）などを歴任した松本烝治《まつもとじょうじ》が、松本を補佐する委員長代理には松永が就いた。

51年5月1日、発電と送電部門を独占していた日本発送電は9つに分割・民営化され、配電会社を統合される形で、民営企業として9つの電力会社が発足した。現在の北海道電力、東北電力、東京電力、北陸電力、中部電力、関西電力、中国電力、四国電力、九州電力である（沖縄電力が設立するのは72年5月）。

日本発送電が発足した1939年から13年間にわたって続いてきた電力の国家管理の時代はこうして終止符が打たれた。

2-2 電力の分割・民営化

小林一三の愛弟子

関西電力株式会社が発足したのは1951年5月1日。日本の「独立」を承認する対日講和会議がアメリカ・サンフランシスコで開かれる4カ月前のことである。

関電は、関西配電と日本発送電の一部の資産・負債を継承し、発電―送電―配電にわたって一貫経営する会社として生まれた。大阪、京都、兵庫、奈良、滋賀、和歌山の近畿2府4県のほかに、三重、岐阜、福井の一部にも電力を供給することになった。

本店は大阪市北区梅ヶ枝町（現・北区西天満）の「宇治電ビルディング」に置かれた。戦前の5大電力の一つ、宇治川電気の本店ビルとして建てられたものである。

発足時の資本金は16億9０００万円。東京電力の14億6０００万円を抜いて、新たに誕生した9つの電力会社の中でも最大だった。

発電設備228万キロワット（うち、水力130カ所113万キロワット、火力16カ所115万キロワット）と最大だったが、戦災で被災した既設の設備などの補修は遅れており、内実は9電力の中でも最低だった。敗戦から6年経っても関西の電力不足は深刻の度を深めていた。

新会社誕生に先立ち、最後まで難航したのが首脳人事だった。

旧日本発送電側は解体されたあとも自らの権益を守るために、関西電力の会長に日本発送電の元総裁を送り込もうとした。だが、松永ら「公益事業委員会」は各財界の有力者を充てる方針を打ち出し、かつて宇治川電気や関西配電で社長を務めた堀新に会長就任を要請した。

初代社長は誰にするか――。電力再編の実務を進めていく行政機関「公益事業委員会」

委員長代理で、「電力の鬼」松永安左ヱ門が白羽の矢を立てたのが、京阪神急行電鉄（現・阪急電鉄）社長で、関西配電の監査役でもあった太田垣士郎だった。

「電力再編成法案」が審議された1950年4月の衆議院電力特別委員会に公述人の一人として招致された太田垣は、電力の国家管理の欠陥を指摘した。

「電力は国民に満足のいく供給をまるで果たしていません。その原因は、現在の制度に欠陥があるからです。国家管理・統制というもので経営者の企業意欲をまったく無視しているところに大きな原因があるのです。経営者の責任の帰属が不明確で、しかも、企業意欲を最も刺激するべきはずの独立採算も無視しています。われわれ需要家が電力不足に悩んで血の出るような叫びを上げているにもかかわらず、電源開発は日本発送電の縄張りとして、その改善に熱意を示さない。しかも独占企業として競争相手がない立場から、経営のリミットを越えた経営をし、積極的に電源開発の努力もしない無競争状態が勤労意欲、サービス向上などの努力を阻害しています」

太田垣が指摘した通り、日本発送電が発足してから解体されるまでの13年間に開発した電源はわずか104万キロワットにすぎなかった。

日本発送電を温存させようとする人たちが大多数を占める中で、分割・民営化を堂々と述べる太田垣に、松永は惚れ込み、阪急創業者の小林一三を訪ねている。

「関西電力に太田垣をくれないか」。小林は戦前、東京電燈の社長を務めたことがあるだけに関西電力の抱える困難さを熟知していた。しかも、電力業界は日本一強い労組と日本一弱い経営者だと言われていた。病弱な愛弟子を新会社の難局に当たらせては命を奪われかねないと断った。だが、松永は聞く耳を持たなかった。

「今回の一件は国家の将来にも影響を与える大事なのだ。その事態の中で、仮に太田垣君の生命が奪われたとしても、それは男子の本懐の部類に属することだ」

後日、小林から事情を聞いた太田垣はしばし考え込んだあと、重い口を開いた。

「日本が再び立ち上がれるか、このまま三流国にとどまるかという現在で、最も大切な電気事業の再編に私ごときを見込んで力を貸せと言われるのであれば、まだ5年ぐらいは働けますから、自分の余生はなくなったものと覚悟してやらせていただきます」

阪急の労組を割った男

太田垣が初代社長に抜擢されたのは、電力事業への高い識見とともに、阪急電鉄時代に激しい労働闘争を終結させた手腕を見込まれたからだった。

太田垣は1894年、兵庫県城崎町（現・豊岡市）で生まれた。京都帝国大学卒業後、日本信託会社に入社。31歳のときに阪神急行電鉄（現・阪急電鉄）に転じ、小林一三の片腕として活躍。1946年には戦後の公職追放で幹部役員総退陣させられる中、53歳の若さで、京阪電鉄と合併していた京阪神急行電鉄（現・阪急電鉄）の社長に抜擢された。

この時期、阪急の社長としての最大の仕事は組合対策だったと言っていい。

敗戦後、GHQは労働運動を日本軍国主義復活のための強い防壁として位置づけ、労働組合の結成を奨励した。公務員も含めたすべての労働者に団結権、団体交渉権、争議権を保障する「労働組合法」が公布され、敗戦直後の急激なインフレと極度の食糧難という国内事情もあって、労働者の組織化が加速されていく。

労組の要求は企業経営者にとって過激だった。賃上げ、労働条件の改善、経営への参加などが次々と突きつけられる。しかも、阪急電鉄労働組合は産業別の「日本私鉄労働組合総連合会」（私鉄総連）に所属していた。過激な団体として知られ、ストライキは日常茶飯事だった。

全支出の80％が賃金では経営はできない――。太田垣は、自社の労働運動の力を削ぐために会社の規模を適正にして組合の規模も小さくしていった。

当時、阪急電鉄と阪急百貨店は同じ会社だった。「阪急電鉄労働組合」がストライキに突入すると、阪急百貨店も労組の指令を受けて店舗のシャッターをすべて下ろした。「電車が止まると、なんで百貨店まで閉まるんや」という客からの苦情もあり、太田垣は百貨店部門の分離を決める。阪急電鉄労組は国の調停機関である「中央労働委員会」に提訴したが、裁定は労組側の要求を退けるもので、阪急百貨店の組合はその後、阪急電鉄労組から分離されることになる。

さらに、組合内の過激分子と一般組合員を分断するなど、太田垣は「阪急の労組を割った男」として、関西財界にもその名を知られるところとなる。

太田垣は関西電力の社長に就任する際、「電力需給の安定」「電気料金の安定」「労使関係の安定」という３つの安定の実行計画を立てた。

当時、関西方面は深刻な電力不足に見舞われ、たびたび停電が発生する惨憺たる状況だった。太田垣は社長就任直後、木曽川水系の犬山近くに予定されていた丸山ダム周辺を視察、大型水力発電「丸山発電所」（12万５０００キロワット）の建設を提案する。建設費は１１０億円。関電の資本金の６倍である。周囲からの反対も「国中が電気を渇望しているのだから、金はあとから工面すればいい」と言って押し切った。

太田垣がどう工面したのか。有名なエピソードが残っている。

日本銀行の一万田尚登《いちまだひさと》総裁の関西出張に合わせ、太田垣は京都で建設資金の陳情をする。

太田垣の部下は、関西財界こぞっての歓迎の宴だけでも停電が起きないよう備蓄の少ない石炭を炊くことを進言したが、太田垣は「もってのほかだ」と一喝。歓迎の宴席であろうともいつも通りの配電を指示した。

この夜の停電は5、6回にも及んだ。「聞きしに勝るひどさだね」という一万田総裁に、太田垣は「もっとひどくなります。工場の電力がこうなれば日本の産業はマヒしてしまいます」と訴え、資金調達の理解を取り付けたという。

多奈川火力発電所を開発させたあと、太田垣の目は黒部川に向けられていた。だが、その前に向かい合わなければならない相手がいた。

最強の労働組合「電産」

戦後、電力業界は国の管理下にあった日本発送電と9配電会社にそれぞれ発足した労働組合が一つになり、単一の産別労組「日本電気産業労働組合」(電産)が発足する。組合員数は12万人、全国最大で最強と言われた労働組合の誕生である。

電産が対峙する相手は、日本発送電を管轄する商工大臣(現・経済産業大臣)であり、9配電会社の首脳らである。突きつけた要求は、「電気事業に対する官僚統制の撤廃と発送電事業の全国一元化」「生活費を基準とする最低賃金制の確保」「退職金規定の改定増額」という3つ。とうてい飲める内容ではない。

電産は初めて全国一斉に送電をストップし、「電産型賃金体系」を勝ち取る。生活費を基準にした最低賃金制と、物価上昇率を賃金にスライドさせる「スライド条項」を盛り込むという画期的な賃金体系だった。この勝利で、「輝ける電産」と称される。

もともと、GHQは労組結成を奨励していた。労働組合を日本軍国主義復活のための防壁と位置づけたためだ。民主化政策をリードしたGS（幕僚部民政局）は労働3法の制定のほかに、農地改革、財閥解体、憲法の制定など、改革を推し進めた。ところが、朝鮮半島では北朝鮮が、中国では毛沢東率いる人民解放軍が勢力を拡大していくと、GHQの中でG2（参謀部参謀2部）が発言力を増していく。それらの勢力の支柱であるソ連との冷戦構造が激化していき、アメリカは日本の占領政策を大きく転換する。

1948年4月、「経営者よ、正しく強かれ」と宣言して、「日本経営者団体連盟」（日経連）が創設された。経済4団体（経団連、日経連、日商、同友会）の中にあって労働組合に対応する経営者団体の全国組織で、最重要課題の一つが電産対策だった。

その年の12月、GHQは東條英機ら7人の戦犯を処刑したのと引き換えに、岸信介らA級戦犯容疑者らを釈放した。「逆コース」への転換を象徴する行動だった。

さらに、GHQはデトロイト銀行頭取のジョセフ・ドッジを最高経済顧問に迎え、「ドッジ・プラン」による税制改革に乗り出す。「悪性インフレの進行を止め、日本経済を安定させる」という名目だったが、49年10月に中国共産党による中華人民共和国が誕生。日本を親米国家としてアジアの中核に位置づける必要性に迫られていたのだ。この改革で悪性インフレは収まったが、安定不況が国民生活を直撃。公務員の2割にあたる26万人がリストラされ、民間企業でも40万人がクビを切られた。その多くが左翼勢力だった。

憲法施行から3年目の50年5月3日、マッカーサーは「共産党は国際共産主義の手先で破壊を目的としている」と批判。こうした動きに呼応するかのように、電産内部でも労使協調路線を取る「反共民主化同盟派」（民同派）が台頭し、共産派と対立を深めていく。

やがて、「レッド・パージ」の嵐が吹き荒れた。共産党中央委員24人全員に公職追放のマッカーサー指令が出され、新聞・放送界、さらには官公庁や民間企業にも波及していく。6月25日に朝鮮戦争が勃発。日本では警察予備隊が結成され、再軍備が進められる。

ＧＨＱは反共・労使協調を取る民同派が力を握った労働組合を結集させる。7月11日には新しいナショナル・センターとして「日本労働組合総評議会」（総評）が組織され、３７７万人もの労働者が結集した。

8月26日には日本発送電と9配電会社のすべての職場で、レッド・パージの対象とされた電産組合員２１３７人が職場を追われた。

電産を割る

「阪急の労組を割った男」太田垣士郎社長と、「最強の労働組合」電産が真っ向からぶつかったのは1952年9月のこと。日本の労働運動史上、最大規模の争議となった「電産52年秋季闘争」である。

電産は、賃金引き上げと完全ユニオンショップ制の採用など労働協約の改訂を求めたが、経営側との中央統一交渉は決裂する。当時、団体交渉は経営者総体と電産が一括して行い、電力会社ごとの地方本部は傍観するだけだった。

調停に乗り出した中央労働委員会の斡旋案も、電産は拒否。9月24日には発電所のタービンを止める電源ストに突入した。

太田垣社長は「自分の会社の賃金を自分で決められないのはおかしい」と主張し、電産中央本部に対してこれまでのような電気事業経営者会議との統一交渉ではなく、各電力会社と電産の各地方本部との個別交渉にしたい、と申し入れた。電産中央本部に拒否されても、電産の関西地方本部との交渉を働きかけた。

『関西電力五十年史』にこう記されている。

〈各地方本部レベルでは組合の内部実態を無視した中央本部の指導方針に不信感を募らせ、会社側が希望条件付きで中労委の最終斡旋案を受諾した11月28日、関西地方本部（委員長・西川繁一）は拡大執行委員会における10時間に及ぶ討議の結果、スト権と交渉権を同本部に委譲するよう中央本部に要請を行うことを決定した。しかし、12月1日に中央本部はこれを拒否して次々と電源スト指令を発した。

こうした中央本部の動きに対して、関西地方本部は12月10日に拡大執行委員会を開設して地方交渉の決行を決定する。関西電力と関西地方本部の地方交渉が12月13日から開始され、不眠不休の折衝が重ねられた。その結果、労働関係調整法による緊急調整発令直前の15日早朝、両者は妥結点に達した〉

他の地方本部も相次いで個別交渉を行い、3カ月間にわたって続いた電産52年秋季闘争が幕を閉じる。

電産関西地方本部が電産中央本部に反旗を翻した背景には、長引くストに対する国民の怒りもあった。特に中小企業が多い大阪を消費地にかかえる関西地方は、全国のどの地方よりも市民の風当たりを強く受けていた。企業にとって停電は死活問題。12月に入ると、大阪市内の公園で2000人もの中小工場経営者や従業員がトラックやバスなど十数台を連ね、関電本店や電産関西地方本部のある宇治電ビルに向けて抗議デモを行っている。

電産関西地方本部も世論も敵に回すことになると危惧を抱き、スト収拾策を模索するようになったのである。52年秋季闘争の終息を契機に電産中央本部からの離脱が相次ぎ、電力会社ごとに企業別労働組合が結成されていく。

翌53年5月2日、関西電力では有志約３５００人が「関西電力労働組合」（以下、関労）を結成した。8月には従業員の過半数の加入を獲得して電産関西地方本部の組織人員を上回った。電産の組合員はその後も減少の一途をたどり、56年5月に電産関西地方本部が解散。関労は57年11月、電力各社ごとの企業別労働組合が結成した「全国電力労働組合連合会」（以下、電労連）に加盟する。

太田垣社長は、最強と謳われた電産の全国組織をも割った。

〈53年7月、関西電力と関労の間で労働協約が初めて締結され、続いて54年2月には経営協議会の設置に関する協定書が締結された。この経営協議会を通して労使間の意思疎通がより円滑となり、58年には生産性向上に関労も協力する旨の労働協約前文が設けられた〉（『関西電力五十年史』より）

その前文にはこう記されていた。

「労使双方は相互の理解と信頼の上に立って、企業運営の円滑化を図り、生産性の向上、労働条件の向上に努めるものとする」

ビックプロジェクト

黒部川は飛騨山脈の立山連峰と後立山連峰の峡谷を北流して日本海に注ぐ。水量豊かで、落差も大きく、電力消費地にも近い。とりわけ、富山県立山町の第4発電所の候補地は大正時代からすでに着目されていたが、両岸は切り立った絶壁。けわしい谷間を通ってダム建設のための大量の資材をどう運ぶのか。

「電力不足によって関西経済の復興を遅らせるわけにはいかない」

太田垣は決断する。

まず必要なのが、ダム建設のための物資・資材の搬送ルートの確保。日本アルプスの山脈をぶち抜いて建設資材を運ぶための3500メートルの大町トンネル（現・関電トンネル）をつくり、その上で黒部川の上流に世界最大級のアーチ式ダムを建設するという関電の社運を賭けた超ビックプロジェクトだった。

1956年7月に着工。総工費は513億円。これは当時の関西電力資本金の5倍という金額であり、世界銀行からも3700万ドルの融資を受けている。

着工から8カ月後、いくつもの破砕帯と激突し、暗礁に乗り上げる。岩の間から冷たい水が滝のように流れ、岩石が砂のように流れる。掘っても掘っても天井から崩れ、前に進めない。毎秒600リットルもの地下水の噴出を止める手だてはことごとく失敗し、工事は中断を余儀なくされた。当時のマスコミには「関西電力の命取りになるのではないか」と報じられ、社内からも「工事を中止すべき」という声が上がった。

しかし、太田垣は腹をくくって計画続行を決断する。

「どんな仕事にも危険は伴う。その危険率をできるだけ縮めて、かつ、いかにして克服するかという点に経営者としての手腕がかかっている。危険を恐れては経営はできない。４分の危険があっても、６分の可能性があれば私はやる」

社長自ら現地入りし、制止を振り切って危険な破砕帯にずぶ濡れになりながら足を踏み入れた。「でかい仕事に困難は当たり前じゃないか。私は絶対に諦めない。クロヨンはあなたがたにかかっている。一緒に苦労して、一緒に喜び合おう」と作業員の肩をたたいて励ました。

さらに、専門家のあらゆる学識と経験を結集。水を他へ逃がそうと、別に水抜きトンネルをいくつも掘り、薬剤を注入した上でコンクリートを流し込み、岩盤を固めてから掘り進めるという最新鋭の技術が導入された。通常は10日で抜ける距離に7カ月を要して破砕帯を突破。トンネルは貫通した。

黒部川第４発電所（25万５０００キロワット）は着工から7年あまりの歳月を費やし、63年にようやく完成する。総貯水容量2億トン。ダムの高さ（堤高）１８６メートル。日本最大のアーチ式ドーム型ダムである。

作業員のべ人数は1000万人を超え、工事期間中の転落やトラック、トロッコなどの労働災害による殉職者は171人にも及んだ。

後年、太田垣はこう振り返っている。

「どんな仕事にも危険は伴うもの。その危険率をできるだけ縮めて、安全度の7分のところで着手するか、8分まで待つか……存在する危険をいかにして克服するかという点に、経営者としての手腕がかかっているのではないだろうか」

2-3 クロヨンの次は原子力

第五福竜丸

「アメリカは、軍事目的の核物質の単なる削減や廃絶以上のものを求めていく。

核兵器を兵士たちの手から取り上げることだけでは十分とは言えない。そうした兵器は、核の軍事用の包装を剥ぎ取り、平和のために利用する術を知る人々に託さなければならない。

アメリカは、核による軍備増強という恐るべき流れをまったく逆の方向に向かわせることができるならば、この最も破壊的な力が、すべての人類に恩恵をもたらす偉大な恵みとなり得ることを認識している。

アメリカは、核エネルギーの平和利用は、将来の夢ではないと考えている。その可能性はすでに立証され、今日、現在、ここにある。世界中の科学者および技術者のすべてがそのアイデアを試し、開発するために必要となる十分な量の核分裂物質を手にすれば、その可能性が、世界的な、効率的な、そして経済的なものへと急速に形を変えていくことを、誰一人疑うことはできない」

１９５３年12月8日、アメリカ34代大統領アイゼンハワーが国連総会で「原子力の平和利用」演説を行った。これは、アメリカがソ連との冷戦で優位に立つため、関連技術を西側陣営に供与して自陣営に取り込む戦略だった。

この演説をきっかけに、唯一の被爆国である日本でも原子力発電への取り組みが始まる。旗振り役は、中曽根康弘元首相と元警察官僚で読売新聞社長だった正力松太郎だった。

翌54年3月2日、当時、改進党に所属していた中曽根をはじめ、斎藤憲三、稲葉修、川崎秀二を提案者とする初の原子力予算が衆議院に提出された。原子力の平和利用のための補助金で、その額2億３５００万円。核燃料となる「ウラン２３５」にちなんで決められたと伝えられている。

こうした動きに対して、科学のあり方について国に提言する学者の代表機関「日本学術会議」の中では慎重論が多かったが、中曽根は「札束でほっぺたを叩いた」と揶揄されるほどの強引さで強行した。中曽根は59年6月、第2次岸内閣で科学技術庁長官となり、原発推進に力を注ぐのである。


国会で原子力予算が採択された前日の3月1日、日本のマグロ漁船「第五福竜丸」が南太平洋マーシャル諸島近海において操業中、ビキニ環礁で行われていた米軍の水爆実験に遭遇。船員23人全員が発生した大量の放射性降下物（死の灰）を数時間にわたって浴び、無線長の久保山愛吉が半年後に死亡した。40歳だった。このときの水爆の威力は広島原爆の1000倍、爆心地から160キロの地点で被爆したのである。

この事件をきっかけに、東京・杉並区の女性が始めた原水爆実験反対の署名運動は3000万人の賛同を得るなど、世界的な反核運動へと盛り上がっていった。

アメリカは、日本で広がった原水爆反対の運動を抑えるにはマスメディアの力で原子力の平和利用を日本国民に知らしめる必要があると考えた。後に「毒をもって毒を征する」と表現されるようになる。

正力は自ら社長を務めている読売新聞と日本テレビを使って盛り上がっている反米、反原子力世論を沈静化させるため、原子力利用を推進するキャンペーンを張る。55年元旦の読売新聞1面には、紙面の4分の1を占める社告が掲載された。「米の原子力平和使節本社でホプキンス氏招待　日本の民間原子力工業化を推進」という見出しとともに、日本の原子力推進を次のように社論として主張している。

〈本社では新しい年に当たり、原子力が工業化と経済界への時代に来ている世界の動きを一歩進めるために、日本原子力工業化を具体的にどうするか真剣に取り上げる〉

さらに10面では、ノーベル物理学賞を受賞した京都大学の湯川秀樹教授、一橋大学の中山伊知郎学長、富士製鉄の永野重雄社長らの座談会を特集しており、「原子力管理と夢物語」という見出しで、意見交換を掲載している。

この年、正力は衆議院選挙に立候補して初当選。新人議員ながらすでに70歳だった正力は、国政からも原子力導入を強力に働きかけた。原子力委員会の初代委員長となり、56年5月には第3次鳩山一郎内閣で科学技術庁（現・文部科学省）の初代長官に就任。日本を復興させるには原子力の平和利用しかないと原発導入の宣伝を大々的に行い、原子力関連法を次々に提案していく中曽根氏とともに、原子力事業を推進していく。

当時、読売新聞だけが原子力利用の推進を訴えたわけではない。55年には、新聞各社がキャンペーンを張る新聞週間の標語として、「新聞は世界平和の原子力」が採用されている。ジャーナリズム全体が原子力利用に前向きだった。メディアを使った「夢のエネルギーとしての原子力の平和利用」の大々的な宣伝は大きな成功を収め、世間の関心は次第にビキニ事件から離れていく。

第五福竜丸の元乗組員の大石又七は長い入院生活のあと、東京でクリーニング店を営みながら自らの被ばく体験を語り続けている。肝臓がん、肺には腫瘍が見つかり、不整脈、白内障などに苦しめられた。最初の子どもは死産で奇形児だったという。大石は著書『ビキニ事件の表と裏』（かもがわ出版）の中で、〈ビキニの被災者たちは、日本の原子力発電の人柱にされたのだ〉と怒りを表している。

「万国博覧会に原子の灯を」

『関西電力五十年史』によれば、日本で突如として原子力予算が計上された１９５４年、関電は早くも技術研究所に原子力グループを設置して、原子力発電に関する基礎研究を開始している。そして3年後には、９電力会社に先駆けて本店に原子力部を設置した。２課体制で第一課が基礎的な調査研究、第二課が設計と建設技術を担当した。

〈当時、アメリカでは軽水炉が主流となりつつあった。東電と原発導入の先陣争いをしていた関電は、アメリカからの機器を輸入して軽水炉を採用する方針を固める。問題は、軽水炉の二大メーカーだったウエスティングハウス（ＷＨ）社が開発していた加圧水型（ＰＷＲ）の原子炉を採用するか、ゼネラル・エレクトリック（ＧＥ）社が開発していた沸騰水型（ＢＷＲ）の原子炉を採用するか、であった。関電は最終的に加圧水型を導入する方針を決定する。ちなみにライバル社の東電は沸騰水型を導入した〉

沸騰水型原子炉は、原子炉で熱せられた水で直接タービン発動機を回す。一方、加圧水型は、原子炉で熱せられる一次冷却系と、その水で熱せられる二次冷却系とに分離された水の循環がある。沸騰水型は2つの冷却系間における熱交換のロスが少ないので経済性では優位だが、福島第一原発事故に象徴されるように安全性の面では大きな問題を抱えている。

原発の炉型の決定とともに、関電にとっての重要課題は立地点の選定であった。原発を建設するにあたって、関電は広大な敷地が確保できる点や自然災害が少ない点などを考慮して、石川県の能登半島から京都府の丹後半島までの日本海沿岸、和歌山県の紀伊半島一帯を中心に選定作業を進めていった。その中で、１９６１年10月、敦賀半島の敦賀市浦底地区と美浜町丹生地区の2カ所を調査地点に絞り込んだ。翌年6月、美浜町議会が原発誘致を決議したことなどを受け、調査対象地点の一つである丹生地区に原発建設計画が進められることになった。敷地面積60万平方メートルを確保するものとして、63年12月から用地の買収や海面の埋立てなどに着手する。

また、地質や地震、気象や海象、取水などに関する現地調査も合わせて実施するとともに、現地に「美浜原子力発電所建設準備所」を設けて、本格的な建設の準備を進めていった。太田垣の後を継いで2代目社長に就任していた芦原義重が陣頭指揮を取り、65年1月に社内に「原子力発電所建設推進会議」を設置。70年に大阪で開催が予定されていた「万国博に原子の灯を」という合言葉の下、66年6月に原子炉の設置許可申請を受け、翌年8月21日に1号機を着工した。

美浜原発1号機は、商業発電を目的とした熱出力103・1万キロワット、電気出力34万キロワットの原子炉で、燃料には低濃縮二酸化ウランを使用する。

天然ウランには、核分裂をしない（燃料としては使用できない）ウラン238に対して、核分裂性のウラン235が約0・7％の割合でしか含まれていない。ウラン235の割合をウラン濃縮によって人工的に高めたものを「濃縮ウラン」というが、原発の燃料として使用されるのは濃縮度が2％～5％のものであり、これを「低濃縮ウラン」という（ちなみにウラン型原爆に使用されるのは濃縮度が90％を超える高濃縮ウランである）。燃料として加工される際には酸化ウラン、あるいは二酸化ウランという形で扱われるのが一般的だ。

機器のほとんどはアメリカからの輸入だったが、タービン発電機は国内で生産されることになっていた。総工事費は315億円で、発電原価はキロワット時あたり初年度約3円と見込まれていた。

発電所用地の造成や周辺道路の整備から始まり、それらは翌年に完了した。用地造成が終わってから格納容器の組み立てが始まり、1969年に外部遮蔽コンクリートが完成する。主要機器の据え付け工事などが急ピッチで進められ、翌年7月に原子炉は臨界（原子炉内で核分裂の連鎖反応が継続的に始まる状態）に達した。そして8月8日午前11時21分、試送電された電気は万博会場に送られ、「お祭り広場」の電光掲示板でそれが伝えられた。

68年に内閣広報室が行った原子力問題に関する世論調査でも、原子力平和利用（原発の推進）については58％が「賛成」で、「反対」はわずか3％に過ぎなかった。もちろん、69年3月に日本原子力研究所の国産原子炉1号機（ＪＲＲ－3）で、燃料棒破損事故が続発していたことが明るみに出るなど、原発の安全性に懸念を抱かせるようなことが起こっていたのだが、マスメディアも世論も大きく問題にはしなかった。

このように、概して歓迎ムードに包まれる中で、関電は自社の原発第1号機を稼働させ、原発比率第一位の電力会社への道を踏み出したのであった。

行き詰まった新規立地

美浜原発1号機の稼働以降、関電は1972年までに美浜2号、高浜1、2号、大飯1、2号を次々と着工していった。しかし、これら3地点以外での新規立地については、原発の危険性がクローズアップされ始めたことなどにより、推進が非常に困難になってしまう。福井県の若狭湾に原発が集中しているのとは対照的に、紀伊半島には1基もない。かつて和歌山県でも誘致の是非をめぐり、いくつもの町が揺れた。県の南西部、紀伊水道に面した日高郡日高町もその一つである。

日高町に原発の建設計画が持ち上がったのは1967年7月。当時の町長が賛意を表明し、町議会も全会一致で誘致を決定した。

このとき、関電はすでに日高町阿尾地区を原発建設の第一候補地として用地買収を終えていた。その土地は、大阪の木材会社が「製材工場や貯木場として使用するから」と住民らから買収したもので、「転売はしない」という約束まで交わしながら関電に転売したのだ。住民たちは土地の返還を求めて提訴。激しい反対運動が繰り広げられ、関電は阿尾地区での建設を断念。新たな原発建設予定地として小浦地区を選ぶ。

遠浅の砂浜が広がる方杭浜《かたくいはま》から海を挟んで800メートル。関電はその岬の突端部分を埋め立て、120キロワットの原発2基を建設する計画を立てた。

原発推進は国策であり、関電は大企業である。町も関電とともに原発建設を推進した。「原発ができれば、町が豊かになるらしい」「難しいことはわからんが、お上が言うことだから間違いないやろ」。住民の多くは疑うこともなく、原発推進へ流されていった。関電の接待攻勢や子どもの就職あっせんを受けて賛成に転じた者も少なくなかった。

当時、20代の青年漁師だった濱一巳ら反対派が共有していたのは素朴な疑問だった。「原発が安全だというのなら、なぜ、電気を大量に消費する都会に原発を建てないのか」――。

関西の反原発運動のリーダー的存在だった大阪大学講師の久米三四郎をはじめ、京都大学原子炉実験所の小出裕章、今中哲二らが何度も足を運んだ。久米は四国電力伊方原発設置許可取り消し訴訟で原告側の証人として論陣を張った体験から、「原発は、建設が始まってから反対したのでは遅い。裁判で長期にわたって闘うことを考えたら、いま命がけで阻止すべきだ」と訴えた。

原発建設には、陸と海からの環境調査が必要だった。81年、関電は町の同意を得て陸上調査を開始。あとは、地元の比井崎漁協が海上調査に同意すれば原発建設に向けて一歩踏み出すことになっていた。

当時、漁協の理事14人のうち反対派は３人。それでも濱ら反対派は激しく抵抗した。

旧ソ連のチェルノブイリ原発事故のあと、ほとぼりが冷めるのを待っていたかのように、関電は原発設置に向けた調査に伴う漁業補償金など約7億円を漁協に提示してきた。漁協内は親兄弟、親戚でさえ推進派と反対派に分かれ、結婚式や葬式、漁船の進水式にも呼ばないなど、「網の目のようになっている人間関係がぶつぶつに切られた」という。

濱らが推した組合長までもが推進派に寝返った。

「仲間が離れていくときは辛かったね。500万円もらったとか、1000万円もらったとかという噂が流れるんですよ。『ああ、毒まんじゅう食わされたなあ』と。総会前には、関電やら推進派やら、いろいろと工作してくるし、警察も乗り出してくるからね。本当に阻止できるのかという不安と闘いながら、山場をいくつも乗り越えていきました」

一進一退が続く中、推進派の町長が漁協の総代会に乗り込んできて、頭を下げた。「次の町長選には出ない。だから最後の花道に、原発建設の事前調査だけ了解してもらえないか」。事前調査を決めたら、なし崩しで建設へ向かう。濱は立ち上がった。

「漁師の仕事はな、『板の一枚下は地獄』と言うんや。そんな所で働くもんはみんな仲良くせなあかん。半年前、組合員が海で行方不明になったとき、みんなが漁を休んで捜した。あのときは賛成派も、反対派もなかった。町長、この気持ちがわかるか」

町長は反論する言葉もなかった。「わかった。この話は今日で終わりや。約束する」

町長は原発誘致を断念し、漁協も「反対」で意見を一つにまとめた。１カ月後、原発反対派の町長が当選し、原発建設は事実上ストップする。

紀伊半島の西側に位置する日置川町《ひきがわちょう》（現・白浜町）では86年に町議会が原発推進決議を可決するなど、原発計画が消えることがない中で、住民の粘り強い反対運動が続けられた。88年に反原発派の町長が誕生し、92年には町議会の推進決議が白紙撤回された。

日高町と日置川町が明確に「原発ＮＯ」の姿勢を示したため、和歌山県の原発計画はまったく進めることができなくなった。国は２００５年の制度変更に伴い、両町を開発促進重要地点の指定から解除し、今日に至っている。

また、和歌山県の２地点以外にも１９７５年には京都府の久美浜町（現・京丹後市）と石川県珠洲市（北陸電力、中部電力との３社による共同計画）に新規立地が計画された。

しかし、和歌山県の２地点と同様に、町を二分する強固な反対運動が続けられた結果、珠洲市の計画は２００３年に凍結、久美浜町の計画は２００６年に中止に追い込まれた。今のところ新たな原発計画は浮上していない。新規立地が困難となった関電は、結局は既存の立地点（高浜、大飯）への増設で対応せざるを得なくなり、１９８０年に高浜３、４号、87年に大飯３、４号を着工したのであった。

2-4 関電争議

60年安保闘争

企業利益との一体化——その象徴的な例が「クロヨンキャンペーン」だった。

1956年に着工した黒部川第4発電所（黒四）建設。関電初代社長の太田垣士郎から現場の様子を聞いた大阪北支店の支店長が職場に戻り、関西電力労働組合大阪北支部の役員に伝えたところ、組合の役員たちが社運をかけた世紀の難工事を成功させるため、「黒四に手を貸そう！」というスローガンを書いたポスターを支店中に貼った。それが全社的に広がり、「鉛筆一本、紙一枚、黒四へ」と印刷されたポスターが各職場の壁に張り出される。労使一体になったキャンペーンは黒四発電所が完成する63年まで続けられた。

その一方で、総工費513億円という途方もない資金を投じた黒四の建設は、社員たちに合理化の波として押し寄せてきた。発電所や変電所の自動化や無人化、料金部門の機械化、電気料金の集金係も社員ではなく「委託」になった。

のちに太田垣はこう振り返っている。

「隅から隅まで合理主義の行き届いた無駄のない会社（阪急電鉄）から、いたるところにムダのある電力会社に入ってみると、おもしろいくらいにやる仕事があった」

労使協調の組合綱領を掲げた関労だったが、経営者側が打ち出す合理化策に対して次第に抗うようになる。労働者の権利や労働条件を守る運動の中心となったのは、電産時代に活動した、関労の中で「左派」と呼ばれるグループだった。その勢力は、59年には関労本部の執行委員18人のうち3分の1を占めるまでになっていた。

さらに、戦後最大の大衆運動と言われた60年安保闘争を通して問題意識を持った若い労働者を加え、関労は徐々に「闘う組合」へと変貌を遂げていく。

1960年1月19日、訪米していた岸信介首相（安倍晋三首相の祖父）はアイゼンハワー大統領と会談し、日米安全保障条約に調印した。51年に締結された安保条約に代わるもので、米軍が日本の内乱に出動することを認めた「内乱に関する条項」が削除された。一方で、米軍が日本国内で基地を置くことができるとか、日米共同防衛が義務付けられるなど、日本が外国との紛争に巻き込まれる危険性をはらんでいた。

岸首相が帰国し、新条約の承認をめぐる国会審議が行われると、野党の抵抗にあって紛糾する。6月19日に予定されているアイゼンハワー大統領の訪日まで新安保条約を国会で批准させたい岸首相が強行策に打って出るのは5月19日深夜のこと。500人の警官隊を国会に導入して座り込みをする野党議員を実力で追い出し、自民党単独で新安保条約を強行採決したのだ。

岸は農商務省（後の商工省、現・経済産業省）の若手官僚として要職を歴任し、東條英機内閣では商工大臣として入閣。戦後、A級戦犯被疑者として3年半拘留されるが、不起訴のまま巣鴨拘置所から釈放された。公職追放の解除で政界復帰。57年2月には総理大臣にまで上り詰めた。

岸の強引な国会運営をきっかけに、岸本人への警戒感と反発、再び戦争への道を歩むのではないかという不安感が募り、戦後最大の大衆運動と言われた60年安保闘争は全国へ広がっていく。関労も安保反対闘争に組合あげて参加する意思を示した。

6月4日、労働組合や革新勢力で組織された「安保改定阻止国民会議」の呼びかけで、全国各地で560万人が安保反対の統一行動に参加した。

東京・日比谷公園では国民会議主催の抗議集会が開かれ、10万人が「岸を倒せ！」などのシュプレヒコールを上げながら国会に向けてデモ行進を行った。強行採決から1カ月を迎えようとする15日には、機動隊が国会議事堂正門前でデモ隊と衝突。デモに参加していた東京大学の学生だった樺美智子が圧死した。激しい抗議運動が続く中、条約は参議院の議決がないまま、19日に自然成立。岸内閣は混乱の責任をとる形で、新安保条約の批准書交換の日の23日に総辞職を表明した。

60年安保闘争は安保改定そのものへの反対運動というより、倒閣運動という性格が強かったため、岸首相が退陣して池田勇人内閣が成立すると、運動は潮が引くように冷めていった。

反共労務対策

60年安保闘争後、関西電力は反共的な労務対策を始める。それは60年代に本格的に始まる「生産性向上運動」と軌を一にしていた。

生産性向上運動とは、生産性を高めることで経済発展を図ろうとする運動のこと。55年に「日本生産性本部」が設けられ、太田垣は関西本部の顧問でもあった。

この頃の関電は、資本金は創立当初の12倍、販売電力量は2倍以上の138億キロワット時となり、9つの電力会社の中で一気にトップクラスに躍り出た。太田垣は社長の椅子を2代目の芦原義重に譲って会長になるとともに、関西財界のトップである「関西経済連合会（関経連）」の5代目会長に就いていた。

63年2月7日、和歌山県白浜で開かれた財団法人「生産性関西地方本部」の第1回関西財界セミナーで、太田垣会長は「経営者の根性」と題した講演の中で「労務管理のキイ・ポイント」としてこう述べている。

「合理化を始めるとともに人員整理を考えた。私に任しなさい、ということで徳川時代の隠密制度と申しますか、30人の部課長を10班に分け、3人一組で支店の経営状態、サービス状態、従業員の思想などを具体的に調べさせ、社長だけに報告させました。

どうも大きな会社になりますと、労務管理を専門家に任しているところに大きな弊害がある。つまり、労務部長であるとか、労務課長であるとか、そういうものに任しておって、各現場の管理職の人は労務管理について無関心である。これが一番ネックでありますから、私は徹底的にやらなきゃいけないと思って、口がすっぱくなるほど現在でも説いています。

少なくとも、係長として自分の部下を20人なら20人持っていて、その中に共産党は幾人いるか、民青同（日本民主青年同盟）が幾人いるか、どういう傾向の組合員がいるかがわからないような係長は、係長としての値打ちがないんだ。少なくとも自分の部下の労務管理は、必ず自分でやるんだ。労務担当者は事務管理者にすぎないのだということを徹底させておりますので、今日ではかなりそれが徹底しまして、2万数千人ある社員のリストも、ほぼ完全にできているのではなかろうかと考えているのであります」

生産性向上を阻止する者は、共産党員、民青同盟員、その同調者たちと決め付け、会社がそう判断した社員に対し、会社ぐるみのしめつけが強化されていく。

全社的に掲げられていた「黒四に手を貸そう！」というスローガンは、「黒部第四発電

所完成　次は原子力だ　関電の明日をつくろう！」に代わっていた。

関電争議

関西電力が生産性向上運動と称して進めた反共労務管理は、「左派」の活動家やその支持者たちを自発的に辞めるところまでに追い詰めていく「第二のレッド・パージ」だった。

彼らは「マル特社員」という符牒で呼ばれ、関西電力労働組合の本部や支部などの執行委員選挙で落選させられた。投票の数日前から、各職場では「この人に入れなさい」と上司から指示されたり、メモ書きを渡されたりする組合選挙への干渉が行われていたのだ。

組合の役職を取り上げられた彼らを待っていたのは、転向強要と不当配転、職場でのいじめだった。

新たな職場では一日中、机の前に座らされたまま、ろくな仕事も与えられなかった。トイレに行くにも上司の監視の目が光り、職場のレクリエーションやサークル活動からも仲間外れ。昇格もなく、同期との賃金格差も広がった。中には、会社側が警察と連絡を取り合って監視や尾行される者もいた。

関西電力尼崎営業所に勤務していた柏原美年子は、関西配電時代からの社員で、電産からの活動家だった。営業所内で庶務課、営業課、配電課など、１年間で４カ所も部署を変えられた。組合に相談しても取り合ってもらえず、柏原は当時の芦原社長宛に手紙を書き、直訴する。柏原の直属の上司は監督不行き届きで注意を受け、嫌がらせはますますエスカレートしていく。

退職に追い込まれた柏原が自殺したのは1967年4月4日のことだ。

当時の新聞は「配置転換苦に?自殺」という見出しとともに、数行の記事を掲載していた。

〈4日、午後7時50分頃、尼崎市塚口辰巳 阪急電鉄塚口東第二踏切(無番)で同市塚口町2 無職 柏原美年子さん(38)が西宮発園田駅止め回送電車に飛び込み自殺した。さる3月初め勤め先で配置転換になっていたのを苦に退職した。遺書はない〉

同じ営業所の後輩で、自身も職場の中で嫌がらせを受けていた三木谷英男は「柏原さんの死の意味を知ってもらわなければ浮かばれない」と、架空の団体名を使って営業所内の社員に手紙を送った。

〈Kさんの死は職場で自由に会話すらできず、孤立されたことに原因がある。会社が弱い人に向ける攻撃は、労働者みんなに向かっている攻撃だ。だから、みんなでそういった環境をなくしていかなければ、Kさんの死に報いることはできない……〉

その後、三木谷は京都支店へ配転になる。神戸支店管内の尼崎営業所から京都支店管内への「支店越え」は異例で、新しい職場でもいじめ抜かれた。

組合から締め出され、職場でも孤立させられた「左派」の活動家にとって自分たちの考えを訴える最後の手段は「ビラ」を配って自分たちの思いを訴えることだった。会社側はビラを配ることにも神経をとがらせ、ビラを配ったという理由で尼崎東発電所（兵庫県尼崎市）に勤務していた高馬士郎《こうましろう》を懲戒処分にした。

高馬はビラを配ったことで処分を受けたのは不当だとして、69年に関電を提訴する。２年後には、マル秘の労務管理資料が見つかり、人権侵害の実態が明るみに出た。当事者だった三木谷ら４人が「関電から人権を侵害された」として提訴。さらには、社員や退職者１０１人が不当に賃金を差別されたとして関電を相手取って闘いを繰り広げた。

これら「ビラ裁判」「人権裁判」「賃金裁判」を総称して「関電争議」という。

最高裁は95年9月5日、「現実には企業秩序を破壊し混乱させる恐れがあるとは認められないにもかかわらず、共産党員またはその同調者であることのみを理由にして行われた関電の反共労務管理について、異常で非人間的な不法行為だ」と述べ、「職場の自由な人間関係を形成する自由を侵してはならない」という判断を下した。

にもかかわらず、関電はその後も差別責任を認めず、「原告らの賃金や資格が低いのは能力や成績が悪いことが原因だ」と差別行為への関与を否認し続けた。

最高裁判決から4年後の99年12月8日、関電は一転、憲法に従って他の従業員と公平に取り扱うことなどを約束。解決金として12億円を支払って和解した。ビラ裁判の提訴から30年もの歳月が経っており、多くの労働者が定年を過ぎていた。

第3章

国策としての原子力

3-1 3・11の後で

このまま脱原発か、推進か

東京電力福島第一原発の事故は、日本の電力とエネルギー政策のあり方に根本的な見直しを迫った。二度と事故を繰り返さないために脱原発か、電力の安定化のために原発を推進していくのか――。事故が起きた翌年の2012年、この国は大きな岐路に立たされていた。

こどもの日の5月5日、北海道電力の泊原発3号機（北海道泊村）が定期検査に入るのを機に、国内すべての原発が運転を停止した。

北海道電力によると、泊原発3号機は、5日午後5時ごろに核分裂を抑えるための制御棒を原子炉に入れ始め、6時間後の午後11時ごろ発電がストップした。翌6日午前2時ごろには制御棒の挿入を終え、原子炉が停止したという。

日本での原発の商用運転は1966年7月、日本原子力発電株式会社（以下、日本原電）の東海原発（茨城県東海村、現在は廃炉中）によって始まった。4年後の70年3月には日本原電の敦賀原発1号機（福井県敦賀市）が営業運転を開始した。その後、原発は増設されていき、東日本大震災が発生する前までは54基（高速増殖炉「もんじゅ」や廃炉中の原発を除く）を数えたが、福島第一原発の1号機から4号機、さらには5、6号機までが廃炉が決定し、現在、運転可能な原発は48基となっている。

日本で稼働している原発がゼロとなったのは42年ぶり。東海原発1号機と敦賀原発1号機の2基だけだった70年4月30日から5月4日までの5日間、定期検査と点検のために停止して以来のことだった。

原発は、約1年間運転した後に発電を停止して機器を分解点検し、国の検査を受けることが義務付けられている。この定期検査で重大な問題がない限り、原発は概ね3カ月以内で再稼働していた。北海道電力も当初、今回の定期検査を8月上旬までと予定していたが、福島第一原発事故の影響で、定期検査が終了したあとも簡単には再稼働できなくなった。原子炉施設の安全性に関する総合評価、いわゆる「ストレステスト」（耐性調査）に対する原子力安全・保安院の審査や原子力安全委員会の確認が必要になったためだ（後に原子力規制委員会が引き継ぐ）。

ストレステストとは、コンピューター・シミュレーションによって地震などがあった場合に、どのくらいの事故になるのか予想し、〈原子力発電所に設計時の想定を超える地震や津波など（発電所にとってのストレス）が発生した場合を想定し、どのような影響があるのか、どこまで耐えられるのか、弱点はどこかを個々の機器ごとに評価し、さらなる安全性の向上に努めるもの〉（北海道電力）と位置づけている。

もともと、福島第一原発事故を受けてＥＵ各国が既存の原発の安全性を再確認するために作ったもの。日本でストレステストを実施する方針を明らかにしたのは２０１１年７月11日のこと。具体例として、想定を超える地震があった場合に、どの程度の揺れで、どの機器が壊れて原子炉の燃料が損傷するか。津波などで原子力発電所が完全に停電してしまったら、何日間、原子炉の中の燃料が損傷せずに耐えられるか、などを調査する。

導入した理由について、電力会社の業界団体である「電気事業連合会」では、〈福島原子力発電所事故を受け、緊急安全対策等の実施について、原子力安全・保安院による確認が行われており、従来以上に慎重に安全性の確認が行われていますが、原子力発電所の再起動に関しては、原子力安全・保安院による安全性の確認に疑問を呈する声も多くあります。こうした状況を踏まえ、政府の指示に基づき、原発の更なる安全性の向上と安全性についての国民のみなさまの安心・信頼の確保のため、欧州諸国で導入されたストレステストを参考に新たな手続き、ルールに基づき、安全評価を実施しております〉と説明しているが、慶応義塾大学の金子勝教授は、著書『原発は不良債権である』（岩波ブックレット）の中で、ストレステストの問題点についてこう指摘している。

〈審査を受ける側（プレーヤー）も審査をする側（レフェリー）もいわゆる原子力ムラの「仲間うち」で固められ、「仲間うち」だけの手続きですまそうとしている。まさに、こうした体質こそが深刻な原発事故を引き起こした原因の一つなのだ〉

関西電力のトップ

大阪の玄関口・北区中之島。江戸時代から経済の中心地で、今でも朝日新聞大阪本社や住友系企業の本社など、近代的なビルが建ち並ぶ。

そんな一大オフィス街の中でも目を引くのが関西電力の本店（通称・関電ビルディング）である。地上40階、地下5階、高さ195メートルを誇る超高層ビルで、新しい時代のオフィスビルとして2004年12月に竣工した。

関電のホームページによると、現在の資本金は4893億円。最大電力3306万キロワット。従業員数2万554人、売上高2兆5207億円、資産総額6兆7576億円を誇る巨大企業である（2014年3月末現在）。

現会長の森詳介は京都大学工学部電気工学科を卒業後、1963年4月に関電入社。工務部長、企画室長などを経て、2005年6月に第9代社長になり、10年6月から会長に就任している。

八木誠社長も森会長と同じ京都大学工学部電気工学科の卒業生。72年4月に関電に入り、中央送電システム建設所事務所長、電力システム事業本部副事業本部長などを歴任し、2010年6月に森のあとを継いで10代目の社長に就任した。現在、電気事業連合会の会長でもある。

会長、社長を含め、関電の取締役は17人（2014年3月25日現在）。その中には、経済産業省に入省し、資源エネルギー庁電気・ガス部長などを歴任した迎陽一常務もいる。迎常務は2006年7月、経済産業省大臣官房商務流通審議官を退官したあと、商工組合中央金庫理事を経て、08年8月に関西電力の顧問に就任。翌09年6月、通産省（現・経済産業省）OBでもある岩田満泰副社長の退任とともに常務取締役に就任し、燃料室を担当している。

また、監査役には元検事総長の土肥孝治の名前もある。土肥は1958年検事となり、大阪地検で特捜部長を務め、検事正のときに「イトマン事件」の捜査を手がけた「現場派」である。最高検次長検事、東京の高検検事長を経て、96年に「ミスター検察」吉永祐介氏の後任として検事総長に就任した。98年には大蔵省接待汚職事件を手がけ、キャリア官僚ら7人を逮捕。当時の三塚博蔵相と松下康雄日銀総裁が引責辞任し、大蔵省は財政と金融に解体する。土肥は退任するとともに弁護士登録し、関電のほかに小松製作所、積水ハウス、阪急阪神ホールディングス、アーバンコーポなどの監査役を務めるなど、「関西法曹界のドン」と呼ばれている。

関電の筆頭株主である大阪市からも元財政局長だった吉村元志が監査役に名を連ねている。1952年以来、関電の非常勤監査役のポストは、大阪市財政局長や収入役、助役らの退職後の指定席になっており、筆頭株主であることを背景に大阪市の幹部も天下りの恩恵を受けている。

役員報酬について、関電は2012年度に支払った総額が約7億円だったことを公表している。

地域をリードする電力会社

関電は、関西を代表する巨大企業でもある。

森会長は、2011年5月から関西一円で経済活動を展開している企業など1400社の会員で構成する総合経済団体「関西経済連合会」（以下、関経連）の14代目会長を務めている。

関経連の設立は敗戦直後の1946年10月。歴代の会長には東洋紡績、住友金属工業（現・新日鐵住金）などのトップが名を連ねており、関電からは、森会長以外に初代社長だった太田垣士郎（5代目）、2代目の芦原義重（7代目）、7代目社長の秋山喜久（12代目）を送り出している。

ちなみに、地方の財界のまとめ役である経済団体の会長職は電力会社の出身者が就くことが通例となっている。

「北海道経済連合会」の会長は北海道電力の近藤龍夫相談役
「東北経済連合会」会長は、東北電力の高橋宏明会長
「北陸経済連合会」会長は、北陸電力の永原功会長
「中部経済連合会」会長は、中部電力の三田敏雄会長
「中国経済連合会」会長は、中国電力の山下隆会長
「四国経済連合会」会長は、四国電力の常盤百樹会長
「九州経済連合会」会長は１９６１年の創設以来、半世紀にわたって九州電力のトップ経験者7人が務めてきたが、２０１３年6月に麻生泰・麻生セメント社長にバトンタッチした。第2次安倍内閣で副総理兼財務大臣を務める麻生太郎元総理の実弟である。

どの経済連合会とも財界活動の負担は大きい。政界・官界・経済界に根回しするためにカネがかかり、人も出さねばならない。結局、地方経済団体のトップは公共性が高く、地域のガリバー企業で各界に太いパイプをもつ電力会社の指定席となっている。

一方で、電力会社は自民党との絆も深い。２０１１年7月22日、共同通信は、自民党の政治資金団体「国民政治協会」本部の09年分政治資金収支報告書で、個人献金額の72・５％が東京電力など電力９社の当時の役員・ＯＢらによるものだと報じた。

共同通信によると、〈当時の役員の92・２％が献金していた実態も判明した。電力業界は１９７４年に政財界癒着の批判を受け、企業献金の廃止を表明。役員個人の献金は政治資金規正法上、問題ないが、個人献金として会社ぐるみの「組織献金」との指摘が出ている。福島第一原発事故を受け、原子力政策を推進してきた独占の公益企業と政治の関係が厳しく問われそうだ〉と述べている。

自民党への政治献金は福島第一原発事故のあとも続いていた。

毎日新聞が、〈福島原発事故後の２０１１年11月30日、電力会社４社の役員・幹部約40人が自民党の政治資金団体に１６０万円の献金をしていたことが、公表された11年の政治資金収支報告書でわかった〉と報道した（11年11月30日付）。

ちなみに、原発事故前の10年には、関電をはじめ電力９社の約３００人が３０００万円以上の献金をしていることも明るみになっている。

背に腹は代えられない

２０１２年5月5日に国内のすべての原発が停止したことで、どこも再稼働することなく10年並みの猛暑となった場合にどうなるのか。電力各社は「十分な供給力を確保できない」という見通しを発表するとともに、「企業や家庭には一段と節電を求めることになる」という懸念を表明した。

そんな状況を受けて、大阪府下の中小企業２８４７社が加盟する「大阪府中小企業家同友会」（大阪市中央区）が、会員企業に対して節電に関する緊急アンケートを行い、１９９社から回答を得ている。

調査期間は２０１２年5月21日から6月15日まで、関西電力が大飯原発３、４号機（福井県おおい町）を再稼働させる1カ月前のことだ。

中小企業の本音に耳を傾けていただきたい。

まず、節電要請について尋ねたところ、「やむなし」と答えた企業が54・9％で、「当然」の5・2％と合わせると、6割が関西電力からの節電要請を容認していたことになる。大阪府中小企業家同友会では、「節電要請の根拠が情報不足によって不明瞭であるとはいえ、社会的に電力不足が叫ばれている中で、漠然と節電を必要と考えている会員企業が多いものと思われる」と分析している。

また、節電要請があった場合の自社への売上・利益などの影響に関する設問では、約3割が「減少する」と回答している。業種別でみると、製造業が最も多く55・6％、次いで流通・商業の42・9％となっている。

具体的にどのような影響が出るのか。

清掃サービス業を営むA社は「受注業務に支障が出る。作業において電源が必要だ」と回答。建設業ではどうか。タイル工事のB社は「逆に影響ない範囲でしかできない」と記しており、建設機械の部品販売を行っているC社も「商品注文発送期日に間に合わない」という声を寄せている。

製造業はより深刻だ。取引先工場の生産計画の停止による売上ダウンや納期対応の問題、生産効率の低下に伴うコスト増といった記述が目につく。

食品などの包装資材の加工・販売を行っているD社は「ロットの長い仕事が関西圏から移動され、多品種小ロット化が加速される。同時に仕事不足から工賃の値下げ要請が予想される」と答えており、精密金属切削加工のE社も「節電対策によりモーター負荷を下げることになるので、加工時間が延びる。また、製造計画が安定しないので短い納期の仕事の受注が難しい」。

緊急アンケートでは、計画停電についても尋ねている。

計画停電とは、電気事業法第27条に基づき、電力需要が供給量を上回ると予想される際などに送電の停止を予告した上で停電すること。２０１１年3月11日に発生した東日本大震災による福島第一原発事故により、14日に東京電力が初めて実施している。

ある板金業者は「計画停電が行われると、今後の仕事の流れが他の地域や海外に流れる」と不安視しており、移動販売で卸売りする冷凍ケーキを製造しているF社は「冷凍ケーキをプレハブ冷凍庫で保管しているので、震災後の関東地方みたいな計画停電などがあれば、対応不可能だ」と記している。

エレベーター保守管理業のG社は「計画停電が実施されればエレベーターが止まり、閉じ込めに遭う人がかなり出ると予想される。それに対しての対応が従来の業務に加えて増える。つまり、コストの増加につながる」と訴え、鮮魚を扱っている流通業のH社も「センターでは生きた魚を扱っているので、電気が止まれば魚が死にます。死活問題です」と、悲鳴を上げている。

関西電力に対して何を望むのか。

「原発が必要だと思わせる情報開示はやめるべき」とか、「脱原発を宣言し、襟を正して行動してほしい」など、関電の情報開示に対する疑問が示されている中で、印刷用などのゴムロールを製造している業者は「大震災から、電力需要問題は分かっていたはず。しかし、まったくと言っていいほど、何もできていない。何度も関西電力に電話をしているが、11年の東京電力の対策を参考に計画しているとの返答ばかりで、対策ができていない。計画停電にしても、『やる』『やらない』は別として、早急にプランを出してほしい。計画停電の前日にアナウンスされても、対応できるわけがない。原発の再稼働ばかりを考えていては、また同じ問題が生じることは間違いない。原発に代わる発電施設を速やかに検討してほしい」と、苦言を呈している。

電気料金の値上げについての質問に対しては、当然のことながら「受け入れがたい」が65・9％で、「仕方がない」の21・4％を大きく上回っている。

「計画停電があれば対応不可能」と答えた冷凍ケーキ製造業のF社は「現状でも電気料金は燃料格差で頭を痛めている。電気料金が上がれば、それを口実に便乗値上げする原材料などが連鎖的に発生するので、代替材料の発掘などを常に行っている」と回答。その対策として何を望むか尋ねたところ、「営業に支障がない業種への15％以上の節電要請をしてほしい。例えば、24時間ネオンを点けているスーパーとか、パチンコ店の照明などは50％カットでも問題ないのではないか」と具体的に提案している。

「計画停電は死活問題」と悲鳴を上げた鮮魚のH社は「夏で１００万円電気代がいります。値上げは、直接利益にかかわります」と不安を隠せない。それゆえ、ずばり「原発を再稼働してほしい」と希望している。

H社のように、原発再稼働を求める声は少なくない。

清掃サービスのA社が「最需要期のみ原発稼働」を求めており、タイル工事を営むB社も「原発を再開できるよう政府と一緒になって国民の理解を得る」ことを求め、C社も「経済的に電力は必要なので原発の再稼働やむなし」と訴えている。

とりわけ、製造業は電力確保が安定しないと死活問題になるだけに、原発再稼働を切望する声が上がっている。

食品の包装資材の加工・販売のD社が「原発の早期稼働」を訴え、精密金属の切削加工のE社も「まず、エネルギー政策をきっちり示す。その上で原発の安全基準を確定させる。100%安全などといううそを引っ込める（異常が発生しないのではなく、常に対応できるシーケンスを用意するというのが、安全対策であると明言する）。反対派の感情論に乗らないように」と主張している。

また、「原発中止ありき」に疑問を投げかけたナット製造販売業者は、「安全な状態であれば稼働すべき。（そうしなければ）日本全体の空洞化が一層進む」と案じている。一般産業機械の設計政策を担っている製造業者も「原発の安全性を再確認した上で再稼働を」と求めている。ただし、「10年以内の完全廃炉を目指す」ことも書き添えている。

専門サービス業でエレベーター保守管理業のG社は、「大阪市の橋下徹市長の考えに同じ」と前置きした上で、「電力需給が逼迫する期間だけ、原発を稼働させれば良い」と訴えている。橋下市長の考えというのは「夏を乗り切れば（原発を）いったん止めて、きちんとした安全基準による判断が必要だ。期間を限定しない稼働は国民生活ではなく、電力会社の利益を守ろうとしているだけだ」という内容である。

こうした「背に腹は代えられない」という訴えが多数を占める中で、ある建築業者が現状を直視しつつ、こんな警鐘を鳴らしていた。

「基本的には原発は反対です。25年過ぎてもドイツの閉鎖原発の始末ができず、チェルノブイリの恐怖は引き続いています。（政府や自治体に対しては）まず勉強してほしい」

3-2　関電前抗議へ

一人歩きする電力供給量

関西電力大飯原発（福井県おおい町）は若狭湾に突出した半島の先端部分に位置する。1号機から4号機まで4基合わせた総出力が471万キロワットと、発電量としては関電で最大の発電所で、東京電力柏崎刈羽原発（新潟県柏崎市）に次いで全国2位。大飯原発から半径20キロ圏内には関電の高浜原発（福井県高浜町）もある。

大飯原発3、4号機が定期検査に入って運転を停止したのは、2011年3月18日と7月22日のこと。東京電力福島第一原発の事故以降、いったん停止した原発を再稼働するのが容易ではないことは、誰の目にも明らかであった。にもかかわらず、関西電力は福島第一原発事故の翌月に発表した12年3月期の業績予想に、定期検査中の原発再稼働を織り込むなど、強い意欲を示していた。

だが、原発再稼働については、地元である福井県やおおい町、美浜町、高浜町なども当初は「認められない」という立場であった。さらに、これまで原発の「地元対象外」であった京都府の山田啓二知事や滋賀県の嘉田由紀子知事からも再稼働を「認めない」とする立場が次々と表明されるなど、状況は極めて厳しかった。

さらに、ストレステストも大きな壁となっていた。

関電は、原発停止による電力不足を節電ＰＲで対抗する一方で、急ピッチでストレステストを実施する。11年10月28日、全国に先駆けて大飯原発3号機について実施したストレステストの報告書を国に提出。11月17日には4号機についても、国に報告書を提出している（四国電力の伊方原発3号機に続いて全国で3例目）。

関電からのストレステストの報告書提出を受けて、まず原子力安全・保安院が12年2月

13日、大飯原発３、４号機の評価を「妥当」と判断。原子力安全委員会も３月23日、保安院と同様に「妥当」とお墨付きを与えている。

関電が再稼働に向けて急いだのは、２月20日に高浜原発３号機が定期検査に入り、福井県に保有する原発11基すべてが停止していたからだ。

関電で原発稼働が「ゼロ」となるのは、１９７９年３月の米・スリーマイル原発事故を受けた安全対策などで４日間、全原発（当時は６基）が停止したとき以来33年ぶりのこと。関電は２０１０年度の電力供給のうち原発比率は51％と、全国９つの電力会社の中で原発依存度が高かった。唯一稼働していた高浜３号機が定期検査入りしたことで、翌21日付の日本経済新聞には、〈関電　供給「危機的に」〉〈原発全11基が停止〉〈鈍い政府　遠い再稼働〉という大見出しが紙面に踊った。

記事には、関西の電力供給は火力発電所のフル稼働と他社からの電力購入に頼る「危機的状況」（八木誠社長）を迎える——とあり、〈今夏25％不足の恐れ〉という見出しとともに、一刻も早い再稼働を願う関電の訴えを掲載している。

〈「節電や平年並みの気温で需給は安定しているが、寒波や設備のトラブルがあれば逼迫しかねない」。八木社長は同日の記者会見で懸念を示した。今夏には猛暑時に最大25％の電力不足もあるとの試算を提示。「できるだけ早く（原発を）再稼働したい」と述べた〉

関電が2月21日に発表した電力供給力は2766キロワット。ちなみに、前年夏のピーク電力は2784キロワットで、不足するのは0・6％である。なぜ、この時点で「25％不足」という数字が出てきたのか。

その後、電力供給力は下方修正される。

3月16日、関電の八木社長が電気事業連合会会長として記者会見にのぞみ、この夏の見通しについて「各社が火力など供給力の上積みをしているが、原発の再稼働がなければかなり厳しい」と述べ、関電について「41日間の供給不足が生じる」という見通しを示した。供給不足の根拠として、〈関電の場合、昨夏は4基稼働していた原発がいまはゼロとなっており、このままだと供給力は昨年より550万キロワット少ない2398万キロワットとなり、昨夏の最大電力需要を下回る日が7～9月で41日間発生するという〉（3月16日付産経新聞夕刊）。

この時点で関電の電力供給力は2398万キロワット。関電の原発が全停止した2月21日に発表した数字と比べて368万キロワットも減っている。

関電が発表する数字に新聞やテレビなどの大手メディアは翻弄され、その数字の信ぴょう性を確かめることなく垂れ流すしかなかったのか。その結果、「原発が動かないので、この夏は電力が足りなくなるらしい」という不安感が市民らに植え付けられていった。

大飯原発再稼働

２０１２年４月３日、当時の野田佳彦首相をはじめ、枝野幸男経済産業相、細野豪志原発事故担当相ら関係閣僚が最初に会合を持った。その３日後には、再稼働のために必要な「安全性の判断基準」（全電源喪失事故の進展防止のための安全対策実施など主に３点を示したもの）を了承し、それに照らして再稼働の判断をするとした。

４月９日には、関電が中長期の安全対策の実施計画（工程表）を枝野経産相に提出している。こうした流れの中で、野田首相や枝野経産相、細野原発事故担当相らが再稼働を妥当と判断したのは４日後の13日である。初会合から11日、６回の会合で、政府は再稼働に向けた安全宣言を出した。

その日、野田政権は「２０１０年並みの猛暑になって大飯原発が再稼動しないと18・4％の電力不足が予想される」と発表した。さらに、原発推進派の中心的存在である仙谷由人元官房長官からも「原発全部停止なら集団自殺するようなことになる」（４月16日付産経新聞）という発言まで飛び出している。

４月23日、政府はこの夏の電力需給を精査する「需給検証委員会」（委員長・石田勝之内閣府副大臣）の初会合を開いた。席上、電力９社からこの夏の電力需給見通しが提出され、関電は10年夏のピーク時と比べて電力不足は16・３％と修正している。

そして5月2日の第3回会合で、「関西電力のこの夏の供給能力が最大需要より15%足りない」という新たな試算が提示された。4月の段階で関電は16・3%不足すると説明していたが、需給検証委員会は「関電の見通しよりも、節電による需要削減などが期待できる」と判断、不足幅を圧縮したのだ。

5月18日、需給検証委員会が最終的に電力各社の節電目標を協議し、「関電は15%以上」という数字を正式決定する。

その日、福井・滋賀・京都・大阪・兵庫・奈良・和歌山の近畿2府5県の71商工会議所で構成する「近畿商工会議所連合会」（会長＝佐藤茂雄・大阪商工会議所会頭）が、当時の野田首相や藤村官房長官、安住財務相に対して、「電力の安定供給確保に関する緊急要望書」を提出している。

関西では、その前年の夏・冬と節電に努めてきたが、さらにこの夏、仮に大飯原発の再稼働がなければ一昨年比15%以上の節電を求められ、経済活動への影響が必至となるため、今回の要望書提出に至った。

要望書では〈電力不足による計画停電や電力使用制限令の発動、電力料金の引き上げは地域経済を疲弊させ、雇用や医療、地域社会の安心・安全を脅かす事態となり、特に中小企業に大きな影響を及ぼすことになりかねず、絶対に避けなければならない〉と懇願しており、①大飯３、４号機の速やかな再稼働　②安全性確保を前提とした国内原発の円滑な再稼働　③中小企業の負担軽減策の拡充――の３点を求めている。

特に、①の大飯原発再稼動については、〈電力使用制限令発動や計画停電など強制的な需要抑制策を回避することはもちろん、国民生活や企業活動に過度な負担となる大幅な節電を強いることのないよう安全性が確保された原発の速やかな再稼働を期すべき〉と訴えている。

こうした中小企業の悲痛な声を追い風にしたかのように、関電の八木社長は５月28日、「本日ただちに再稼働できても、７月２日からの節電期間には間に合わない」と電力不足を強調しつつ、政府に対して早期の決断を求めていたのである。

政府の判断について、福島第一原発事故の詳細が未だに明らかではない段階で安全基準を考えていること、関電が提出したストレステストの結果を従来の保安院や原子力安全委員会が短期間で了承していること、さらには安全対策が実施済みというわけではなく、ほとんどが今後の「計画」であることであり、「安全性の確認」などあり得ないのは明らかだった。

とにかく、「再稼働ありき」で強引に手続きが進められたことは否めない。

政府は再稼働の必要性について、原発依存度の高い関電の場合、夏場に最大２割近い電力不足になるという試算を理由にしていた。原発以外の発電施設を利用することによる電気料金の値上げの可能性まで言及している。だが、そうした試算の根拠は明確ではなかった。当時の枝野経産相は記者会見で、「突然の電力不足は特に社会的弱者に深刻な事態をもたらす」と危機感を強調したが、再稼働が妥当とされていち早く歓迎ムードに染まったのは、財界であることを忘れてはならない。

市民らの訴え

２０１２年7月の金曜日夜、関電の総本山である本店ビルに、若者や老夫婦、幼い子どもを連れた母親らが次々に集まってきた。毎週金曜日恒例の関電本店前抗議行動に参加する市民たちである。

午後6時過ぎ、関電前抗議の主催スタッフが拡声器で「原発いらない」「再稼働やめろ」と声を張り上げると、集まった市民らのシュプレヒコールが辺りに響き渡る。「大飯原発再稼働やめろ」「命を守れ」「今すぐ廃炉」……。

日が暮れてからも仕事帰りのサラリーマンやＯＬが次々に加わり、関電本店前の歩道には大勢の市民らであふれ返った。デモではお馴染みの、労働組合や市民団体の名前を記した幟も旗も見当たらない。市民一人ひとりが「脱原発」「再稼働反対」などと書いたプラカードを掲げ、暗闇に浮かび上がる超高層ビルに向かってひたすら抗議の声を上げていた。

12年３月中旬、わずか数人でスタートした関電前抗議だったが、４月から毎週金曜日に行われるようになり、ツイッターでの呼びかけなどで週末ごとに参加人数が増えていった。当時の野田政権が大飯原発の再稼働を正式決定した７月16日以降は１５００人、２２００人と集うようになり、大飯原発３号機が運転を再開した７月６日には、最多の２７００人（主催者発表）を記録した。

その日、東京・永田町で行われた金曜日デモには、主催者の「首都圏反原発連合」の発表で15万人（警視庁発表で約２万人）が首相官邸の周囲を埋め尽くした。小雨模様のあいにくの天気だったが、若者のカップルや子どもを連れた若い母親、高齢者などが参加し、「再稼働反対」など、思い思いのプラカードを掲げて抗議の声を上げた。

ミュージシャンの坂本龍一がマイクを握り、「これだけ官邸前に市民が集まるのは（70年安保闘争以来）40年ぶりです。長い闘いになる。再稼働されても諦めず、頑張りましょう」と呼びかけている。

不当逮捕

関電大飯３、４号機が再稼働された直後、関電本店前は抗議の声に包まれたが、時間の経過と自民党政権の復活による原発推進の流れから参加者が減っている。

「喉もと過ぎれば熱さを忘れる」という日本人の国民性もあるだろうが、警察による市民運動弾圧ではないかとも思える「不当逮捕」の影響も大きい。

2012年10月5日午後7時過ぎ、関電本店前抗議行動に参加していた一人の男性（Aさん）が警戒中の警官を転倒させて全治3週間の軽傷を負わせたとして、大阪府警に公務執行妨害罪と傷害罪の容疑で逮捕された。

その場に居合わせた30歳代のフリーライターはこう証言している。

「一人の女性が転んだところに警官がその女性を踏んづけて尻餅をついた。それを言いがかりにして、近くにいたAさんを公務執行妨害で取り押さえたのです」

ネット上に流れている動画には、関電の南西側でデモ隊と警備の警察官たちがもみ合いとなり、複数の人たちが倒れている様子が映っている。何度見ても、警察官が市民を引き倒しているようにしか見えない。捜査員がわざと転び、公務執行妨害で逮捕するいわゆる「転び公妨」による不当逮捕である可能性が高い。もともとは、新左翼活動家を逮捕勾留するために編み出された手法だと言われている。主に公安警察が用い、不当逮捕・冤罪の温床となることが少なくない。

この逮捕劇に先立ち、「関電という一私企業と抗議する市民との間に、なぜ警察が介入するのか。中立でなければならないはず」と、市民らが警官とのやり取りを動画サイトで同時中継したことで、警察側は抗議行動に介入できなくなっていた。

ところが、その日はこれまでと様子がおかしかったと、フリーライターは振り返る。

「夕方から制服や私服の警察官が多くいて、関電への抗議行動に参加した市民らに露骨な挑発を行っていました。誰かを逮捕するという警察官の考えがあったとしか思えない」

しかし、警察発表による新聞記事はこう書かれてしまう。

〈大阪府警天満署は5日、脱原発を訴える活動に参加していた際に警察官を負傷させたとして、公務執行妨害と傷害の疑いで神戸市東灘区、職業不詳のＡ（48）を現行犯逮捕した。天満署によると、参加者ら30～40人が午後８時半すぎから、逮捕に抗議して同署付近に詰め掛けた。署員約40人が警戒に当たり、約２時間後に騒ぎは収まった。

逮捕容疑は午後７時15分ごろ、大阪市北区の関西電力本店前で、警戒中の天満署の男性警部補（58）を転倒させ、軽傷を負わせた疑い。

容疑者は「つかみ合いになって、抱き付く形で一緒に転んだ」と供述。呼気からはアルコールが検出された〉（２０１２年10月６日付東京新聞　記事では男の名前が公表されていた）

Ａさんが逮捕されたあと、天満署前には集会の参加者ら数十名が詰めかけ、「不当逮捕を許すな」などと抗議活動を行ったが、Aさんは2度の勾留延長のあと、10月26日に起訴された。

裁判では検察官側の証人4人はいずれも天満署の警察官。4人ともAさんが警官に巴投げをしたと供述している。このAさんは、大勢の警察官に囲まれ身動きすらままならない中、自分よりも体の大きな柔道有段者の警察官2人を次々と投げ飛ばし怪我を負わせたとして、公務執行妨害に加え傷害罪に問われ、7カ月もの長期勾留を強いられた。

2013年8月26日、大阪地裁は「犯罪の証明がない」とAさんに無罪を言い渡した。

さらに、警察による「不当逮捕」は続く。

ツイッターなどで天満署に対して憲法16条で定められた「請願」を行い、その後の抗議活動への参加を呼びかけた大学の准教授が逮捕されたのは12月9日のこと。逮捕容疑は、威力業務妨害罪および不退去罪。2カ月近くも前の10月17日、JR大阪駅構内でデモ行進やビラ配りを無許可で強行したというものだった。

12月17日には憲法研究者の有志が声明を出したが、その中で准教授の行為を「ハンドマイクなどを用いて、駅頭で、大阪市の震災ガレキ処理に関する自らの政治的見解を通行人に伝えるものであって、憲法上強く保護されるべき表現活動」としている。

そして、「刑罰に値するだけの相当の害悪（通行の妨げ等）が発生し、または、そのような害悪が発生する実質的なおそれが存在しているとは考えにくい」とした上で、このような表現活動に威力業務妨害罪や不退去罪が安易に摘要されたことに大きな危惧を表明している。

この事件では准教授を含めた3人が逮捕された。准教授ともう一人は12月28日に釈放されたものの、一人は起訴された。

大飯原発再稼働や大阪市の災害廃棄物（放射性ガレキ）の受け入れをめぐる反対運動において、大阪ではこれまでに11人が逮捕（うち一人は再逮捕）され、4人は処分保留などで釈放されたものの、6人は起訴されている。このように逮捕者を出したのは、関西だけであった。

関電前抗議は12年12月から隔週金曜日の開催になり、翌13年6月2日には「1万人で関電本店を包囲しよう」という呼びかけにもかかわらず、参加したのは100人あまりだった。

3-3 節電要請

「計画停電もありうる」

2012年夏の電力は果たして足りるのか。政府、電力会社からの要請による「節電期間」が沖縄県を除く全国でスタートしたのは7月2日のことだった。

11年夏の節電要請は、東日本大震災で発電所が被害を受けた東北電力および東京電力管内が中心だったが、翌12年夏は東京電力福島第一原発の事故を受けた原発の再稼働の遅れから、原発による発電比率が高い北海道電力、関西電力、四国電力、九州電力が中心となっていた。

ちなみに、玄海原発2、3号機（佐賀県玄海町）を保有する九州電力が10％以上、四国唯一の原発である伊方原発（愛媛県伊方町）を擁する四国電力が7％以上で、北海道、中部、北陸、中国などの各電力会社にも5％の節電が求められていた。東京電力と東北電力については、電力需要に比較的余裕があるという理由で除外された。

電力供給不足が最も深刻だと言われた関西電力の管内では、他の電力社よりも高い15％以上の節電目標が設定されていた。「原発が再稼働しなければ、猛暑だった10年夏のピーク時と比べて14・9％の電力不足が生じる」と喧伝されていたからだ。

その一方で、大飯原発3号機が順調に発電を再開した場合は、関西電力が15％から10％へ、中部電力と北陸電力が5％から4％へ、中国電力が5％から3％へ節電目標が見直されることになっていた。

数値目標を伴う節電期間は、北海道電力をのぞき、関西、九州、四国、中部、北陸、中国の6電力会社管内では7月2日から9月7日の平日（8月13〜15日を除く）の午前9時〜午後8時と決められていた。

節電期間がスタートする前、関電のホームページにこんなお知らせが掲載された。

〈当社はこれまで、この夏の供給力の確保に最大限の努力をしてきましたが、大飯発電所は3、4号機をはじめ、原子力プラントの再稼働の見通しが依然として立っておらず、この夏は8月の需要ギャップがマイナス14・9％と大変厳しく、広域的な停電を回避できない可能性もあることから、国や自治体の皆さまとも検討を進めてきました結果、お客さまに節電のお願いをさせていただくことになりました。

具体的には、全てのお客さまに対して、お盆を除く7月2日から9月7日までの平日9時から20時の間、一昨年の夏と比較して15％以上の節電へのご協力をお願いします〉

「広域的な停電を回避できない可能性もある」――とは、万一の事態に備え広域的な範囲において「計画停電」もありうるということ。関電は、原発再稼働を認めなければ計画停電に踏み切るということを暗に迫っていたのである。

関電は、大飯原発3、4号機が再稼働したあとも計画停電の可能性があるとして、「計画停電のお知らせ」というハガキを全戸送付したほか、テレビCMや新聞広告などを通して「夏の電力不足キャンペーン」を連日のように繰り返しPRした。

火力発電を止めていた

政府の節電要請がスタートして1週間後の7月7日の日本経済新聞に注目すべき記事が掲載された。〈関電、節電奏功し当面は需給安定　要請から1週間〉という見出しとともに、こう記されていた。

〈関西電力などによる節電要請開始から1週間が過ぎた。気温がそれほど高くなかったことなどから需要は先週段階の週間予想を大きく下回った。電力の使用率が6日に一時90％を超え、需給が「やや厳しい」ことを示す〝黄信号〟が今夏初めてともったが、一部の火力発電所を計画的に止めた上でのこと。実際の供給力には今のところ余裕があり、当面は安定した需給状況が続きそうだ〉

リード部分にある「一部の火力発電所を計画的に止めた上でのこと」とは、どういうことなのか。さらに本文を読んでいくと……。

〈２～６日の最大電力需要は２０５３万～２１４８万キロワット。週間予想では２１５０万～２２４０万キロワットと見ていたが、実際はおおよそ50万～２００万キロワットほど少なかった。（中略）使用率（供給力に占める最大需要の比率）を見ると後半は徐々に上昇。６日は91％まで上がり、今夏の節電期間としては初めて需給状況が「やや厳しい」ことを示す注意信号がともった。

要因の一つは関電がコストのかかる石油火力発電所を数基止めていることだ。当初は今週は2基を止める予定だったが、安定した需給状況を踏まえて徐々に停止数を拡大。６日は6基の石油火力を止めた。６基の発電量は約３００万キロワットで、原発３基分に相当する。

計画的に止めている石油火力はいつでも再稼働できるが、日々の供給力からは差し引かれる。結果として使用率は高めの数字になってしまうが、潜在的な供給力にはかなりの余裕がある。トラブルで停止している液化天然ガス（ＬＮＧ）火力の姫路第2発電所4号機（兵庫県姫路市、出力45万キロワット）も1週間ほどで復旧する見通し〉

この3日後、大飯原発3号機がフル稼働を開始した。

関電は、大飯原発3号機が再稼働した場合、原子力で118万キロワット、揚水発電で53万キロワットの計171万キロワットの供給力が増えると公表していた。

7月2日のピーク時の供給力は2470万キロワット。3号機がフル稼働した10日以降は単純計算しても2640万キロワット以上あってしかるべきなのに、10日は2441万キロワット、11日で2520万キロワットしかない。

関電は11日に兵庫県赤穂市の赤穂火力発電所2号機（60万キロワット）や和歌山県海南市の海南火力発電所3号機（60万キロワット）など4プラントの運転を停止していた。発電量は約250万キロワットにも及ぶ。

さらに翌12日にも、和歌山県御坊市の御坊火力発電所3号機（60万キロワット）など4基の運転を止めていた。

それに対して、関電側は「供給余力がある間に火力の検査、調整をするため」（7月14日付産経新聞）と説明しているが、大飯原発の再稼働によって電力が余ったため、火力を止めていたのだ。

大飯原発3号機のフル稼働を受け、節電目標は15％から10％に緩和された。7月9日、関電本店で引き下げを発表した香川次朗副社長はこう述べている。

「節電に対する取り組みを非常に深めていただいた」

必要なかった再稼働

節電要請から2カ月後の9月7日午後8時、政府は、関西電力と四国電力、九州電力の3社管内に求めてきた夏の節電の数値目標を解除した。

関西電力は「この夏の節電期間の終了にあたって」と題したプレスリリースの中でこう記している。

〈この夏は、梅雨明け以降、気温が高めに推移し、大阪で7月26日から9日連続で猛暑日となるなど、平年以上に暑い夏となりましたが、最大電力が2682万キロワットとなり、想定していた2987万キロワットを約300万キロワット下回りました。この要因としましては、皆さまにご協力を賜った節電の効果が、過去2度の節電を大幅に上回っていることが大きく影響していると考えています。具体的な節電の効果については、一昨年と比べて、最大電力で約11％に当たる約300万キロワット減少しており、お願いしておりました10％以上の節電を上回るご協力を賜りました。

一方で、供給面では、海南発電所2号機の再稼動や姫路第一発電所のガスタービン設置に加え、大飯発電所3、4号機が7月に再稼動しましたことから、8月の供給力は2988万キロワットとなり、5月に想定していた2542万キロワットから400万キロワット以上増加しました。あわせて、火力発電所の定期点検を秋以降に繰り延べるなど、供給設備を可能な限り活用しながら、日々の点検の強化等によってトラブルを回避し、安全・安定運転に努めるとともに、他の電力会社や自家発電設備から追加で調達するなど、さらなる供給力の確保に全力を尽くしてきました。

これら需給両面での取組みの結果、電気使用率の実績は90％以上を4回記録しただけで95％を超えることなく、この夏を乗り切ることができました。

しかしながら、この夏は、クラゲが大量に発生し、火力発電所の出力を最大120万キロワット近く抑制する中、気温の上昇による電力需要の急増や、発電所のトラブルなど大規模な電源の脱落といった不測の事態が重なる可能性もあったことから、今夏の安定供給のためには、大飯3、4号機の再稼動は必要不可欠であったと考えています。また、大飯3、4号機の再稼動は、高稼動を続けている火力発電所や水力発電所の柔軟な点検・保全が可能となるなど、供給設備全体の安全・安定運転による最大限の供給力確保にも大きく寄与しました〉

大飯原子力発電所3、4号機の再稼働後に目標が撤廃された北陸、中部、中国を含めた6電力では7～8月のピーク需要が、2010年の夏と比べて平均で5～11％減少した。関西など4地域で準備していた計画停電も回避し、東日本大震災以降、2度目の「節電の夏」を無事乗り切った。

電力各社の夏の最大消費電力「食い違った割合」の大きい順でみると、関西電力が最高で11・1％、続いて四国電力の10・1％、中国電力８・２％、東京電力８・０％、北海道電力７・４％などである。中でも「15％の電力不足に陥る」と主張していた関西電力の需要予測は過大で、専門家からは大飯原発の再稼働は必要なかったのではないか」という声も出た。

大阪府と大阪市が新たなエネルギー社会の形成による新成長の実現に向けて設立した「大阪府市エネルギー戦略会議」も「２基の原発が稼働したことにより安定的な供給ができたという意見もあるが、火力・水力・他社融通に加えて、揚水発電を最大限に活用すれば12年夏の電力は十分に足りたと考えられる」と分析している。

さらに、今後は需要の減少と供給力の増加が期待できるため、原発がなくても電力供給の安定化は可能――と見ている。

3-4 電力浪費社会

電力消費量の増大

資源エネルギー庁の『エネルギー白書2013』によると、〈電力消費全体は、オイルショックの1973年度以降、着実に増加し、1973年度から2007年度の間に2・6倍に拡大しました。ただし、2008年度から、世界的金融危機の影響で生産が低迷し、企業向けを中心に電力消費が減少に転じました。2010年度は前年度より3・8％の増加とやや回復しました。（中略）このうち、1973年度から2011年度の間に電灯の使用電力量は4・2倍に増大し、鉱工業の使用電力量の増加は1・5倍にとどまったため、電灯と業務用電力等を含む民生用需要が約7割を占めるに至りました〉とある。

電力消費自体は戦後から増加してきたのだが、それが顕著となったのは1970年代以降であった。その供給のほとんどを火力（石油や天然ガス、石炭など）・水力・原子力発電で賄っている。国内には大小様々な1300以上の発電所が設置されているのだ。

高度成長期以降、人々は「快適な暮らし」を求め、冷暖房をはじめとして家庭には電化製品が溢れるようになる。電力需要と並行してエネルギー消費において電気が使われる割合（電力化率）も自ずと高まってきた。家庭における電力消費の伸びは、近年は特に著しい。一世帯あたりの電力消費量も増加の一途をたどっている。

資源エネルギー庁によれば、「1973年度の家庭部門のエネルギー消費量を100とすると、2011年度には208・9」となっている。

電力化率を高めているのは家庭用電化製品の普及だけではない。鉄道の電化をはじめとして、様々な産業のエネルギー源として電力が使われるようになった。ただ使われるだけではなく、「夏は寒すぎ、冬は暑すぎる」と言われる商業施設などの冷暖房に象徴されるように、その使われ方もまた電力消費量を押し上げてきた。

人々の「快適な暮らし」を求める欲求も、家庭内にとどまらず広く社会全体に広まっていった。

一例を挙げると、街中いたるところに設置されている自動販売機である。日本は世界有数の「自動販売機大国」と言われているが、日本自動販売機工業会によれば2012年末現在、国内には509万2730台の自動販売機が設置されており、そのうち半数以上の256万2500台をジュースなどの飲料用自販機が占めている。自動販売機は1960年代半ばから普及が本格化したが、67年に2万台余りだったものが73年には17万8395台と、平均年率48％という驚異的な伸び率で普及していった。その後、伸び率の減少はあったものの増加を続け、84年に500万台を突破、2000年には560万台に達し、微増・微減を繰り返しながら今日に至っているのであった。

自動販売機の中でも飲料用自販機は、冷却または加熱が必要であるため特に消費電力が大きいとされる。技術開発によって消費電力を抑える工夫が続けられてきたとはいえ、標準機種で定格電力は500〜1000ワットである。非常におおざっぱな計算だが、仮に最低量の500ワットとした場合でも、約250万台の合計は125万キロワットとなり、100万キロワット級原発1基分に相当するのだ。

しかも飲料用自販機は、常に冷却または加熱を続けなければならないため、無人となったビル内などでもひたすら電力を消費し続ける。そうした飲料用自販機が、国民約50人に1台ずつ設置されているのである。駅の構内や高速道路のサービスエリアなどにはズラリと並び、市街地の至る所に競い合うかのように設置されている飲料用自販機が、電力消費量増大に一役買っていることは間違いない。

深夜電力の普及

原発が他の発電システムと決定的に異なる特徴として、電力需要に合わせた出力調整が困難であることが挙げられる。また、原発は常に最大出力で運転することが効率の点からも好ましい。そのため、一度発電を始めたら定期検査などで停止する時以外は、昼夜を問わず運転し続けなければならないのだ。電力は、一般的に人々が眠りにつく夜間は自ずと需要が少なくなるため、原発で生み出した電力はどうしても余剰となってくる。夜間に発電した分を蓄電しておくという方法もなくはないが、非常に効率が悪くコストが嵩んでしまう。つまり、いかに夜間に電力を消費するかが大きなポイントとなるのであった。

ところで、１９７０年頃までの日本社会の夜は、文字通り「人々が寝静まって」いた。いわゆる飲み屋街などを除けば、夜間に営業している店舗などはほとんどなく、一部の業種を除けば24時間、常に人が働いているような職場もなかった。家庭でも、夜更かしをする習慣はあまりなく、深夜まで起きている場合でもテレビ放送は午前零時頃には終了し、娯楽といえばラジオぐらいなものであった。

翻って現在はどうであろうか。コンビニエンスストア（以下、コンビニ）をはじめとして、24時間営業の店舗が至るところに存在し、深夜でも人々が集える場所が数多くある。テレビは24時間放送（終夜放送）が当たり前となり、ラジオ以外にもビデオやゲーム機など娯楽に供する電化製品が溢れるようになった。いつから日本は、このような社会になっていったのか。

まず、コンビニの歴史から振り返ってみる。コンビニとは年中無休で長時間営業を行い、主に食品や日用雑貨などを中心に多くの品種を比較的小規模な店舗で扱う小売店を指す。1962年に鉄道弘済会（当時）が岐阜県の多治見駅にオープンした店舗が、日本で最初のコンビニという説があるが、今日に馴染みの深い店舗名で考えるとココストア（71年に1号店）、ファミリーマート（72年に1号店）、セブン‐イレブン（74年に1号店）などにみられるように、70年代前半に次々とオープンしている。その後、飛躍的に店舗数が増えていき、日本フランチャイズチェーン協会の統計によれば2013年12月現在、全国で4万9323店を数えるまでになった。

当初、営業時間はセブン‐イレブンがその名前の通りに午前7時から午後11時までであったように、従来の店舗などよりも早めの開店、遅めの閉店というのが一般的であった。しかし、現在店舗数では業界第1位（1万4807店）であるセブン‐イレブンが75年、福島県郡山市の店舗で24時間営業を開始して以来、今日ではほとんどのコンビニが24時間営業となった。

偶然の一致かもしれないが、日本で商業用原発が送電を開始したのが70年で、その後次々と稼働していった時期とほぼ重なっている。今日では、コンビニに限らず24時間営業をするファミリーレストラン、ファストフード店などが数多く存在するが、それは70年代半ばからのことなのである。24時間営業という形態は、人々のライフスタイルの変化に応じて、そのニーズに応える形で登場したことは間違いない。いずれにしても、24時間営業の店舗の登場が、人々の夜間の行動パターンに変化をもたらしたことは確実である。

次に、テレビ放送について見てみよう。ラジオの「深夜放送」は１９５０年代からスタートしていたが、テレビ局は80年代前半まで24時間放送を行う局はなく、特別な場合（災害情報など）を除いて深夜から早朝にかけての数時間は送信機やスタジオなど放送機器類の保守・メンテナンスのために放送を休止し、テストパターン（カラーバーかモノスコ）や信号音（ピー音）・レコード音楽などを流したり、画面送信を停止していわゆる砂嵐（停波）状態にするのが一般的であった。

しかし、87年10月からＴＢＳとフジテレビが24時間放送を編成するようになって以後、テレビも三大都市圏の局などで24時間放送を実施する局が増えていった。ＮＨＫは87年まで、突発的な大事件や台風・地震などの自然災害があった場合、あるいは国政選挙の開票速報がある場合など、ごく限られた機会以外は24時間放送を実施しなかったが、衛星テレビ（ＢＳ－１）が87年7月から開始した。その後、96年には週末に限って総合テレビ（97年からは毎日）、次に教育テレビとハイビジョン（２０００年）の順で24時間放送を開始するようになった。なお、教育テレビについては現在では深夜の休止期間が設けられている。

こうして、一部の職業の人を除いて本来は「眠っている時間」であった深夜・早朝が、人々にとって活動可能な時間帯となり新たな電力需要が生み出されていったのである。

一方、原発の稼働に伴い電力会社自身も深夜の電力需要の開拓に乗り出していった。もともと1964年から、電力需要が落ち込む時間帯（だいたい深夜23時から翌朝7時まで）について電気料金を割り引く深夜電力料金制度が実施されており、通常の電気料金の3分の1程度が一般的であった。深夜電力は家庭において主に電気温水器で消費していたのだが、原発の稼働が本格化していった70年代、関電など原発を保有する電力会社は電気温水器の利用を大々的にPRするようになる。それまでに普及していたガス給湯器・湯沸かし器などに比べ、深夜電気料金を利用することで安く、安全に給湯ができるという点をアピールし、契約件数を伸ばしていった。

また、80年代後半から登場した「オール電化住宅」（給湯器、IH調理器、エアコンや蓄熱式電気暖房器または床暖房システムを組み合わせたもの）では、それまで一般的であった100ボルトでは電圧不足となるため200ボルトの使用が促される。

関電をはじめとした電力会社は、深夜電力と時間帯別電灯料金制度などを組み合わせることで電気代が安くなることをアピールし、「オール電化」を積極的に呼びかけてきた。関電によれば、「オール電化」は電力使用量を全体的にコントロールするため、結果的に節電にもつながるというが、少なくとも70年代前半に比べれば、家庭における電力消費は格段に増えている。

３－５　総括原価方式と原発三法交付金

「星野さ～ん」

波の音が聞こえ、青くキラキラと光る海をバックに一人の男性が現れる。白いブレザー姿の星野仙一監督（現・東北楽天ゴールデンイーグルス監督）だ。福井県美浜町の砂浜を歩きながら星野監督がこう語りかける。

「僕も時には熱くなる男だけど、地球はこれ以上熱くなったらかなわんね」

３人の若い女性から「星野さ～ん」と声をかけられ、はにかみながら手を振る星野監督。画面は砂浜で無邪気に遊ぶ子どもたちのシーンになり、「関西の電力の約半分を支える福井の原子力発電は水力や太陽光などと同じく発電時にCO_2を出しません」という女性の声でナレーションが流れる。

その声に合わせて、画面には関西電力の発電電力量比を表す円グラフが現れ、原発が48％を占めていることを示す。発電時のCO_2排出を表す棒グラフでは、原子力が「０」であることを強調するのである。

ご丁寧なことに、砂浜に「CO_2」と指で書かれた文字が画面に映し出され、寄せては返す波がそれを消していくという演出も。

次に星野監督が子どもたちと戯れる映像が流れ、「美しい自然を残していかんとね」という本人のナレーションが入る。

最後は、美浜原発をバックに立った星野監督が「みんなと未来に電気とエネルギー。関西電力」と力強く語り、ＣＭを締めくくるのである。

これは、関西人にはお馴染みの「星野仙一氏『浜辺篇』」（30秒）という関電の原発ＣＭである。

星野監督を広告塔に使った関電のテレビＣＭには、クイズ形式の「ＹＥＳ ｏｒ ＮＯ編」（30秒）というものもある。

サラリーマンや子どもをつれた主婦、八百屋、高校生など、スタジオに30人あまりの回答者が集まっている。最初の問題は「水力や太陽光発電は発電時にCO_2を出さない」。迷うことなく、みんな「ＹＥＳ」と書かれたコーナーへ移動していく。

やがて「正解」という出題者の声が。「やったー」と喜ぶ小学生。画面中央に移動してきたスーツ姿の星野監督もニコニコしながら「これは簡単だよね」と一言。

次の問題は「原子力発電は発電時にCO_2を出さない」。今度は一転して、「ＹＥＳ」のコーナーへ行こうか、「ＮＯ」のコーナーへ行こうか、戸惑う回答者たち。３人連れの若い女性から「絶対わからへんわ」という声も飛び出す。

どちらにも移動できず、その場で考え込む回答者たちに「原子力は発電時にはCO_2を出しません」という答えがスタジオ内に流れる。回答を聞いた人たちは感心しながら「ゼロか」「ゼロなんだ」などと口々につぶやく。

それを受けて、星野監督が「いいねえ、まっすぐ低炭素な社会へ」と語りかけ、関西電力の社名とロゴマークが映し出される——というもの。

星野監督はこのほか、使用済み核燃料を再処理して活用する「プルサーマル計画」のＣＭにも出演しており、「関電の原発ＣＭといえば星野監督」というぐらい連日流れていた。

関電だけでなく、原発を推進する９電力会社とも「原発はCO_2を出さない。クリーンなエネルギー」というイメージを持ってもらうため、東京電力が草野仁、中部電力が経済評論家の勝間和代や弁護士の北村晴男、四国電力が玉木宏などを起用するなど、著名なスポーツ選手や芸能人、文化人を起用したＣＭを制作してきた。

そもそも、電力会社は地域独占企業である。全国を10のブロックに分け、それぞれの地域内では特定の電力会社以外、電力を売ることができない。電力が自由化されない限り、競争に晒されることはない。一般の民間企業と違い、ライバル会社と競い合って商品の価格を安くする必要もないのである。

それなのに、なぜ、電力会社はテレビCMを流す必要があるのか。実は、これらの広告宣伝費も私たちが支払っている電気料金に含まれているのだ。

損をしない「打出の小槌」

電力会社の電気料金収入は、「電気事業法」によって定められた「総括原価方式」という方法で計算されている。

総括原価方式とは、電力会社が電気の供給に必要な年間費用を事前に見積もり、それを回収できるように料金を決める仕組み。電気を生み出す必要な「営業費」に、「事業報酬」と呼ばれる利潤を費用に加算したものである。

営業費は、「人件費」、「発電所・送電設備建設費」、「保守管理費」、「燃料費」(原油価格・為替レート変動コストを含む)、「運転費用」、「従業員給与」、「営業所経費」、「広告宣伝費」などで、原発周辺の地域振興などに充てる「電源開発促進税」や、将来の廃炉費用なども含まれている。これが一般の民間企業の「原価」にあたる。

さらに、発電所の「土地・設備」や「核燃料」、「運転資本」、「特定投資」など、電気事業の運営に必要な資産に報酬率3%をかけたものが事業報酬で、営業費と合わせた金額から、同業他社へ販売した電力料収入を差し引いたものが「総原価」＝電気料金収入である。特定投資には、天然ウランなどの資源開発や高速増殖炉などの研究開発費、使用済み核燃料も含まれている。再処理して燃料にするということになっているため資産扱いになるからだ。

電気料金体系は企業（工場含む）と一般家庭では異なるが、基本的に「総原価÷販売する電力量＝電気料金の平均単価」となる。

総括原価方式は、かかった費用をすべて電気料金に上乗せできるため、電力会社としては絶対に損をしない仕組みになっている。電力会社は発電所や送配電線など毎年莫大な設備投資が必要で、安定的に資金調達を行う必要がある。戦後の荒廃の中から復興を図るために、公益性の高い電力事業を基幹産業として保護育成するために取られてきた歴史と深く関係がある。

一般の民間企業の場合、売価は市場（相場）で決まり、原価は改善努力で下げるもの。少しでも利益を多く出そうと思えば、原価低減（コスト削減）して儲けを出さねばならない。つまり、「売価－原価＝利益」となる。

一方、電力会社のような独占市場の場合、売価は市場で決まるのでなく、原価と利益を単純に加算するもの。原価は下げるものでなく計算するもので、利益は原価に上乗せするものゆえ、「売価＝原価＋利益」という図式になる。利益はあらかじめ決められていて原価に上乗せするだけだから、電力会社はコスト削減する必要もない。

総括原価方式が認められている以上、コストも考えることなく、設備などを増強できる。どんなにコストをかけようと、必ず儲けが保証されている。高い費用をかけて作った原発を持てば持つほど、電力会社にお金が入ってくるため、原発推進の誘因にもなった。現在の総括原価方式を続ける限り、原発推進の動きはなくならない。

2011年10月4日付日本経済新聞に〈報酬上乗せ2010年で6200億円・原価・甘い見積もり〉という記事が掲載された。その後も電力会社の総括原価方式の問題点を指摘する報道が数多く見られたこともあり、東京電力はホームページで「総括原価方式における事業報酬に関わる報道について」(12年5月28日)と題する告知を出した。

〈一部マスコミなどで、総括原価方式における事業報酬について、誤解を招くような報道がなされておりますが、事実関係は、以下の通りです。

総括原価方式における「事業報酬」とは、支払利息および株主への配当金等に充てるための費用(資本調達コスト)を言い、いわゆる使途が自由な「利益」とは意味合いが異なります。

また、この事業報酬の算定にあたっては、事業の公益的側面から、公正性の確保(「公正報酬の原則」と呼ばれています）が求められており、経済産業省令（一般電気事業供給約款料金算定規則）にて算定方法が規定されております〉

電力会社はなぜ原発を再稼働させたいのか。電力が不足するからでも電気料金が高騰するからでもない。再稼働せず、廃炉にすれば債務超過になり、経営が破たんするからだ。

電力会社10社の２０１１年度決算・連結貸借対照表がネットで公開されている（12年３月31日決算）。それによると、資産から負債を引いた関電の「純資産」は１兆５２９８億円。原発設備費（３６３０億円）と核燃料費（５２７７億円）を合わせた「核関連資産」は８９０７億円である。

原発が使えないと不良債権となり、純資産は６３９１億円に激減する。しかも、電力料金は総括原価方式だから、電力料金収入も大幅に減少する。

純資産が１兆５２９８億円なら３％をかけた４５９億円が電力料金収入になるが、原発が使えないと、６３９１億円×３％＝１９２億円となる。

さらに今後、原発以外の燃料で発電するとすれば電力各社の赤字は増えていく。２０１３年に原発を止めたことで、電力会社が輸入したＬＮＧや原油などの総額は３兆８０００億円に上る。１日１００億円が燃料として燃やされた計算となる。

関電をはじめ電力会社は、経営破たんに陥らないためにも原発を再稼働させたいのである。

「東京からカネを送らせろ」

原発の建設・運転には様々な利権が絡むと言われているが、その最たるものが「電源三法による交付金」であろう。

電源三法とは、「電源開発促進税法」、「特別会計に関する法律」（旧・電源開発促進対策特別会計法）、「発電用施設周辺地域整備法」を指す。

これらの主な目的は、電源開発が行われる地域に対して補助金を交付し、これによって電源の開発（発電所建設など）を促進し、運転を円滑にしようとするもので、1974年6月3日に過疎地を振興する名目で制定された。簡単に言えば、原発を受け入れる自治体に多くの補助金を交付することで原発建設を推進することである。

70年初頭、原発建設反対の声が高まり、立地計画は次々と頓挫していた。さらに、73年に第一次石油危機が発生し、火力発電所に依存する日本経済が大きく混乱した。火力発電以外の電源を開発することによってリスクを分散する必要に迫られていた。

そんな閉塞状況を打破しようとしたのが田中角栄である。地元である新潟県に柏崎・仮羽原発を誘致するとき、田中はこう訴えた。
「東京に造れないものを造る。造ってどんどん東京からカネを送らせるんだ」
田中が首相になると、原発推進派の中曽根康弘通産相と二人三脚による「田中曽根政治」で電源三法交付金というシステムを作った。

電源三法交付金とは、電源三法に基づいて自治体に支払われる交付金のことである。例えば、販売電力量に応じて１キロワットあたり37・５銭の「電源開発促進税」を電力会社にかける。その税金は標準的家庭で年間１４００円ほど、私たちが使う電気料金に上乗せされる。国に入った税金は「発電用施設周辺地域整備法」に基づき、電力発電所を受け入れた自治体に対して交付金として払われるのである。

資源エネルギー庁が発表したモデルケースによると、原発１基あたりの交付金は、建設から運転開始までの10年間で約４５０億円、さらに運転開始から35年間で約７５０億円の総額１２００億円。財政に逼迫した自治体にとって、この交付金は天からの恵みだ。

電源三法交付金の原資は、電気料金に上乗せされた税金である。それが最終的には原発立地自治体に落ちる形だから、一種の「再分配」と言えるかもしれない。現地には立派な学校や公民館、橋や道路などができるものの、突然に降ってわいたような税収で自治体は放漫財政に陥ってしまう。

原発ができて年数が経るごとに、税収は減っていくから財政が苦しくなる。克服するためには再び原発を増設すること。再び税収は増えるが、また何年かすると税収が減る。財政を立て直すために原発をまた増設する――そんな悪循環が「シャブ漬け」と言われる所以である。

多額の寄付金

関電が最初に原発を立地した福井県美浜町のケースを見てみよう。

美浜町は１９５４年、４村が合併して誕生した。町の北部は若狭湾に面するリアス式海岸が続き、南部は山地となっており、原発が建設される前の中心産業は漁業と農業であった。そこに関電は原発を建設し、70年に1号機、72年に2号機、76年に3号機がそれぞれ営業運転を開始している。美浜町の財政は、60年度は1億円あまりだったが、年々増大し、89年度には70億円を超える規模となった。

特に70年代の伸びは著しく、70年度には5億７０００万円だったのが、5年後には4倍の22億円にまで拡大した。

財政規模が拡大した要因は、まぎれもなく原発設置に伴い、固定資産税の収入が大幅に増加したことと、電源三法交付金による。

美浜原発1号機、2号機の営業運転開始時は法律制定前であるため、電源三法交付金の対象外となったが、関電の寄付や古い発電所を対象とした交付金が支給された。その後、3号機に関して支払われた交付金によって、町道や学校の体育館、公民館、町民プールなどといった公共施設が建設されている。交付金の、事業費における割合は平均87％余りと、極めて高い値となっている。

美浜町では、このほかに、日本原電の敦賀原発2号機や動力炉・核燃料開発事業団（当時）の高速増殖炉「もんじゅ」、同事業団の新型転換炉「ふげん」、北陸電力の敦賀石炭火力発電所の周辺分としての交付金も受けており、いずれも、町道、小学校、保育所、上水道等、公共施設を建設するために使用されている。

立地自治体にもたらされる原発マネーは、電源三法交付金だけではない。電力会社から自治体にもたらされる多額の寄付金もその一つである。

２０１０年5月、福井新聞が「原発マネー40年」という特集を組んだ。その中で、関電が02年度に美浜町へ10億円、05年度に旧大飯町へ９億円など、たびたび巨額の寄付が行われたことが明らかにされている。

寄付行為を指摘された関電は「地域との共生の観点から必要に応じて適切な協力を行っている」と、あくまでも一般論として寄付を認める一方で、「相手方との関係や業務への影響を考慮し公表はできない」とした。

また、特集では〈電力事業者からの寄付は古くから、さまざまな形で行われてきた。美浜1号機の建設当時を知るベテラン町議は「地元との合意として、いろんな名目の協力費があった」〉と明かす。行政側が強く〝要請〟した場合も少なくない。

JR小浜線の電化や、北陸線の敦賀までの直流化事業では、県がそれぞれ民間に負担を求め、ともに関電、原電、北陸電力の3社が合計数十億円の寄付に応じている。

このほか、関電の「若狭たかはまエルどらんど」（高浜町）、日本原子力研究開発機構の「アクアトム」（敦賀市）などのPR館のように、地元が望む施設を事業者が造る例もある。工費はそれぞれ数十億円。集客に加え、地元には「建設自体による経済メリットがある」と説明する。

つまり、立地自治体は電源三法交付金、原発にかかる固定資産税、1976年に福井県が初めて導入した核燃料税（法定外普通税の一つとして都道府県が条例によって定める税金で、原発で使用する核燃料の価格を基準にして事業者に課せられるもの）、それに電力会社からの多額の寄付金によって、財政的にがんじがらめにされてしまうのである。

その深刻さは、大飯原発の再稼働にあたり、おおい町で、住民説明会で厳しい意見が相次いだにもかかわらず町長や議会が「容認」したことからも明らかだ。町の２０１２年度一般会計予算の歳入１０８億６０００万円のうち、58％にあたる63億１０００万円が原発関連の交付金や法人税、固定資産税だからだ。

しかも、おおい町には２０１０年度までの30年間に計１０２億円の匿名の寄付も寄せられていた。寄付の主が関電であろうことは容易に想像がつく。

そうした原発マネーを利用して、人口約８８００人のおおい町に観客席付き野球場や冷暖房完備の体育館、宿泊施設、大型温泉施設「あみーシャン大飯」や「こども家族館」など豪華な施設が次々と作られてきた。原発マネーが途絶えると、たちどころにそれらの維持・管理も難しくなってしまうだろう。

つまり、おおい町は福島第一原発事故のあと、大飯原発の再稼働を「容認せざるを得なかった」のだ。

３-６｜見直された原発ゼロ政策

自民圧勝

東京電力福島第一原発事故後、初めてとなる衆院選が２０１２年12月16日に投開票され、自民党が過半数を大幅に上回る294議席を獲得して3年半ぶりに政権を奪回した。

選挙戦では原発の是非が大きな争点の一つとなった。

「2030年代に原発稼働ゼロ」を目指す革新的エネルギー・環境戦略を取りまとめた実績を強調した政権与党の民主党をはじめ、すべての主要政党が「脱原発」「卒原発」を掲げた。

「代替エネルギーの確保が不透明なまま原発ゼロを進めるのは無責任だ」と民主政権を批判していた自民党ですら、公約では「すべてのエネルギーの可能性を掘り起こし、社会・経済活動を維持するための電力を確実に確保するとともに、原子力に依存しなくてもよい経済・社会構造の確立を目指します」などと、脱原発依存を有権者に約束している。

原発事故以降、首相官邸前をはじめ全国各地で脱原発デモや抗議運動が行われるなど、民主、自民をはじめ各党とも原発維持・推進を口にできないような社会の「空気」があった。

ところが、投票結果を見ると、「脱原発」「卒原発」を看板に掲げていた政党がおおむね不調に終わる中で、原発依存に含みを残した自民党が原発を抱える13選挙区のうち11選挙区を制するなどして大勝した。

翌17日付の朝日新聞は、政党乱立により票が分散し、脱原発票がほぼ完全に中和されたと分析。「投票した有権者の78％が、原発の即時廃止か段階的廃止を希望していたが、こうした人々の票は自民党以外の４政党に分かれ、さらには自民党にも票が流れた。自民党以外の各政党は濃淡こそあっても脱原発を掲げているため、原発ゼロ票は分散」したと述べている。

その日、電力各社の連合会「電気事業連合会」の八木誠会長（関西電力の社長）が自民党大勝を受けて「国家の再生に向けた現状打破を求める国民の意思のあらわれだ」と歓迎するコメントを発表。さらに、30年代に原子力ゼロを目指すとする「革新的エネルギー・環境戦略」について「原発ゼロはあまりにも課題が多い。現実的な政策とするために、新政権で見直しをお願いしたい」と要望している。

民主党政権がエネルギー・環境会議で「革新的エネルギー・環境戦略」として、「２０３０年代に原発ゼロを可能とする」との目標を政府方針に初めて盛り込んだのは12年９月14日、衆院選３カ月前のことだった。

毎週金曜日の夜、東京・永田町の首相官邸前に数万人から数十万人もの市民が押し寄せるなど、脱原発デモは大阪の関西電力本店前をはじめ全国各地に広がっていた。

12年夏に政府がまとめた「討論型世論調査」の結果で、「30年代の電力に占める原発割合」について46・7％の市民が「0％」と回答しており、政府が募集した「30年代の電力に占める原発割合」の意見公募（パブリックコメント）でも応募総数8万9000件のうち、9割近くが「原発ゼロ」を選択していた。

　当時の野田佳彦内閣は「原発に依存しない社会の1日も早い実現を目指す」と強調した上で、原発ゼロの実現に向け、①運転開始から40年の原発は廃炉にする　②原発の新増設はしない――などの原則を掲げた。太陽光発電などの再生可能エネルギーを普及させることで、近い将来、原発ゼロにするというシナリオを描いたのである。

　ところが、その直後、枝野幸男経済産業相（当時）が「設置許可をすでに出していることは大変重たい事実だ」と、建設中の原発について建設継続を容認する考えを表明する。許可が出ているのは、日本最大の卸電気事業者である「電源開発」（Jパワー）が青森県大間町に建設を進めている大間原発、完成が近い中国電力の島根原発3号機（島根県松江市）、それに工事がほとんど進んでいない東京電力の東通《ひがしどおり》原発1号機（青森県東通村）も含まれていた。

　さらに、枝野経産相は建設前の原発（計画中）も着工を認める可能性まで示す。計画段階にある原発は、日本原子力発電株式会社（日本原電）の敦賀原発3、4号機（福井県敦賀市）のほか、中国電力の上関《かみのせき》原発（山口県上関町）など計9基。これから新設される原発の稼働までを認めれば、原発の寿命を仮に40年と制限したとしても30年代末までに「原発ゼロ」は実現不可能だ。

財界と労働組合からも

政府方針を打ち出した4日後の9月18日には、日本の大企業1300社あまりが加盟する「日本経済団体連合会」（経団連）の米倉弘昌会長（住友化学会長）が記者会見で、「『原発稼働ゼロ』宣言すれば、原子力の安全を支える技術や人材の確保が困難となる。また、核不拡散・原子力の平和利用の重要なパートナーとして位置付け、日本との連携を強力に進めてきたアメリカとの関係にも悪影響を与えるなど、国益を大きく損なう」と批判し、「経済界として、このような戦略を到底受け入れることはできない。政府には責任あるエネルギー戦略をゼロからつくり直すよう、強く求める」と迫った。

その年の5月5日に国内すべての原発が止まったことで、経済界を中心として電力不足への危機感が広がっていた。原発依存度の高い関西電力の管内では大飯原発3、4号機の再稼働を見込んでも猛暑なら電力が足りない見通しが強まっていた。

米倉会長はかねてから「原発の再稼働を認めなければ日本経済は崩壊する」と強調していた。政府の審議会である「国家戦略会議」の民間議員の辞任を口にするなど、「財界総理」とも呼ばれる経団連会長の圧力に及び腰となったのか、翌19日になると野田政権は、「30年代に原発稼働ゼロを可能にする」と盛り込んだ「革新的エネルギー・環境戦略」の閣議決定を見送ってしまう。

米倉会長は「原発ゼロが回避された」と歓迎。経団連と同じ経済3団体の一つ、経済同友会の長谷川閑史代表幹事（武田薬品工業社長）も記者会見で、「原発ゼロ撤回の余地を残したことは不幸中の幸いだ」と語っている。

野田政権が打ち出した脱原発政策は、民主党最大の支持母体である「日本労働組合総連合会」（連合）からも支持を得られなかった。

連合の中核組織である電力会社の労組「全国電力関連産業労働組合総連合」（電力総連）は旧同盟系で、組合員数22万人を誇る。かつて連合を率いた笹森清・元会長も電力総連（東電労組）出身であり、連合ナンバー2の事務局長は電力総連の南雲弘行氏が就任している。

電力総連は、2005年の国の原子力政策大綱について、「数多くの組合員が原子力発電所や再処理工場など原子力職場で働いており、日本のエネルギー政策の一翼を担っていることに自信と誇りを持っている」と支持するなど、原発推進の立場を明確にしていた。

10年9月の第30回定期大会の「議案書」には、「プルサーマルの推進、核燃料サイクルの確立を含め、原子力発電の推進は、エネルギー安定供給、地球環境問題への対応の観点において極めて重要な課題です。私たちは、労働組合の立場から労働界をはじめ国民各層への理解活動を強化していかねばなりません」と明記している。

原発推進の姿勢は、東京電力福島第一原発事故のあとも変わっていない。

電力総連の種岡成一会長（東電労組出身）は、機関紙『つばさ』（11年10月7日号）で〈原子力は電力供給のためには必要な電源であると認識しています〉と主張しており、内田厚・事務局長も「福島原発の安定化が最重要課題。事故原因がわかっていないのに、原発を見直すべきかどうかの議論はできない」と発言するなど、原発を「次世代のエネルギー」の代表であると擁護していた。

衆院選で原発問題が大きな争点となる中、電力総連は候補者推薦の条件として原発存続を求めるなど、事実上の「踏み絵」を迫っている。

アメリカからの圧力

野田政権が打ち出した「２０３０年代原発稼働ゼロ」に待ったをかけたのは、財界や労働組合だけでなかった。

12年9月22日付東京新聞の朝刊1面トップ記事に「閣議決定回避、米が要求」「原発ゼロ『変更余地残せ』」などの大見出しが踊った。

記事によると、野田内閣が「2030年代に原発稼働ゼロ」を目指す戦略の閣議決定の是非を判断する直前、米国政府側が閣議決定を見送るよう要求していたというのだ。

米国高官は日本側による事前説明の場で「法律にしたり、閣議決定したりして政策をしばり、見直せなくなることを懸念する」と述べ、将来の内閣を含めて日本が原発稼働ゼロの戦略を変える余地を残すよう求めていた――と報じた。

東京新聞の取材に対し、当時の内閣府の政務官・大串博志は「個別のやりとりの内容は申し上げられないが、米国側からはさまざまな論点、課題の指摘があった」と認めつつも、「その指摘を受けたことで日本政府が判断を変えたということはない」と反論している。

さらに、東京新聞は「米の圧力に譲歩」という見出しとともに掲載された解説記事の中で、野田内閣の優柔不断さを「『原発ゼロ』を掲げた新戦略を事実上、骨抜きにした野田内閣の判断は、国民を巻き込んだこれまでの議論を踏みにじる行為で到底、許されるものではない」と激しく批判し、次のように厳しく論じている。

〈意見交換の中で米側は、日本の主権を尊重すると説明しながらも、米側の要求の根拠として「日本の核技術の衰退は、米国の原子力産業にも悪影響を与える」「再処理施設を稼働し続けたまま原発ゼロになるなら、プルトニウムが日本国内に蓄積され、軍事転用が可能な状況を生んでしまう」などと指摘。再三、米側の「国益」に反すると強調したという。当初は、「原発稼働ゼロ」を求める国内世論を米側に説明していた野田内閣。しかし、米側は「政策をしばることなく、選挙で選ばれた人がいつでも政策を変えられる可能性を残すように」と揺さぶりを続けた。放射能汚染の影響により今でも16万人の避難民が故郷に戻れず、風評被害は農業や漁業を衰退させた。多くの国民の切実な思いを置き去りに、閣議での決定という極めて重い判断を見送った理由について、政府は説明責任を果たす義務がある〉

アメリカからの圧力があったのか。経団連の米倉会長が口にした「アメリカとの関係にも悪影響を与える」とは、何を意味するのか。

日本はアメリカとの間で原子力の平和利用に関して「日米原子力協定」を結んでいる。1955年11月14日にアメリカのワシントンで調印された条約で、日本初の原子炉を導入することが決まったのも、日米原子力協定によるもので、日本の原発を生み出した大本の原因がこの協定ということになる。ちなみに、現行の協定が結ばれたのは88年の中曽根康弘内閣のときである。

日米原子力協定の前文にはこうある。（条文の全文は資料編に掲載）

〈両国政府は「平和目的利用のための原子力の研究、開発及び利用の重要性を認識し、協力を継続させ、かつ拡大させることを希望し、世界における平和利用のための原子力の研究、開発及び利用が不拡散条約の目的を最大限に促進する態様で行われることを確保すること」を誓約する〉

原子力は平和目的に限定し、核不拡散条約を遵守すると、日本はアメリカに対し誓約している。

この協定では、使用済み核燃料のアメリカへの返還、貸与燃料を目的通り使用すること、使用記録を毎年報告することなどが明記されている。

第8条には、〈生産された核物質は、いかなる核爆発装置のためにも、いかなる核爆発装置の研究または開発のためにも、いかなる軍事目的のためにも使用してはならない〉と記され、日本が原爆の製造・研究を行うことは固く禁じられている。

一見、もっともなことだが、日本国内の原発の使用済み核燃料から生み出される大量のプルトニウムを軍事転用しないようにするには、「ＭＯＸ燃料」や「核燃料サイクル」のエネルギーとして消化しなければならない。

違反すればどうなるのか。第12条にこう明記されている。

〈第３条から第９条まで若しくは第11条の規定に違反した場合、アメリカは、この協定を終了させ、核分裂生成物のいずれかの返還をも要求する権利を有する〉

青森県六ヶ所村に各原発から運ばれた使用済み核燃料や英国に預けているプルトニウムも引き取った上で、アメリカに引き渡し、さらに、国内にある核燃料はすべて米国に没収されることになり、原発は１基も稼働できなくなる。日米原子力協定によって、日本の原子力は米国の管理下に置かれていることは疑いもない。

「原子力ムラ」の抵抗も大きかった。

原子力ムラとは、原発を巡る利権によって結ばれた産・官・学の特定の関係者によって構成された特殊な社会的集団のこと。原発を持つ電力会社９社をはじめ、原子力プラントメーカー、大手ゼネコン、中央官庁、大学や研究機関と研究者、一部の政治家のほか、電力会社に融資している銀行、電力会社株を購入して運用している地方自治体や企業、電力会社などの企業広告に依存している大手新聞社や放送局も含めていいかもしれない。

それでも野田総理は、東京電力福島第一原発の事故後、初めての衆院選で訴えた。

「原発ゼロ・脱原発という方向性を選ぶのか、続原発なのか。これが問われる戦いであります」――。

しかし、野田政権の「原発稼働ゼロ」は目標の期限も行程も明示しない不確かなものであり、本気で実現する気があるのかも不明だった。民主党は「原発ゼロ」政策を打ち出しながらも実行に移せないまま、政権の座を追われるのである。

世論調査

第2次安倍晋三内閣が発足して3日後の2012年12月29日、安倍首相は初の視察先として福島県を訪問した。

東京電力福島第一原発を視察した安倍首相は「希望を政策にするのではなく、責任あるエネルギー政策を進めていく」と述べ、民主党政権が掲げた「2030年代の原発稼働ゼロ」目標を見直す考えを示したのである。

この方針転換を、国民はどう受け取ったのか。

年が明けた13年1月16日、NHKが実施した世論調査で衝撃的な結果が明らかになった。安倍首相が、「2030年代に原発の稼働ゼロを目指す」とした民主党政権のエネルギー政策を見直す考えを示していることについて、賛否を尋ねたところ、「賛成」が43%、「反対」が21%、「どちらともいえない」が30%だった。

「原発ゼロ」を積極的に支持する人は、「見直し賛成派」の半分にも満たなかった。

さらに、「今、国が最も力を入れて取り組むべき課題は何だと思うか」という問いかけに、「経済対策」が38％と最も多く、次いで「東日本大震災からの復興」が18％、「社会保障制度の見直し」が15％で、「原発のあり方を含むエネルギー政策」は10％だった。

福島第一原発事故から3カ月後に行ったNHKの世論調査では「国内の原子力発電所を今後どうすべきだと思うか」という質問に、「減らすべきだ」が47％、「すべて廃止すべきだ」が18％だった。「現状維持」と答えた27％は「停止させておく」「これ以上、原発の新設を認めない」という意思表示でもあり、合わせると9割を超える国民が「脱原発」「反原発」を望んでいたことになる。

さらに、安倍首相は衆院本会議での各党代表質問で民主党政権が掲げた「2030年代の原発稼働ゼロ」について、「ゼロベースで見直す」と明言した。ゼロベースで見直すと言うことは、原発をなくすことなく推進し続けるという宣言でもある。

これを受けて、毎日新聞が2月3日に発表した全国世論調査では、民主党政権の掲げた「2030年代に原発稼働ゼロ」を見直すと表明した安倍首相の方針について、「支持する」が56％で、「支持しない」が37％だった。自民支持層に限ると支持は73％に達し、公明支持層でも56％、内閣支持層では67％となった。

国民の「反原発」「脱原発」の意識はここに来て、一つの転換点を迎えたのだろうか。

世論調査の設問の立て方で違いが出てくることも忘れてはいけない。

NHKや毎日新聞の設問は「安倍政権による民主党の原発ゼロ政策見直しに対する賛否」だった。これでは、民主党に対する嫌悪感の強さが世論調査の数字に反映されやすいと言えまいか。

朝日新聞が1月19、20日に行った世論調査では、「原子力発電を段階的に減らし、将来はやめることに賛成ですか、反対ですか」などと、具体的に絞り込んだ質問をしている。その結果、「賛成」は75％、「反対」16％という数字が出ている。

さらに、「福井県の大飯原発のほかにも原発の運転を再開することに賛成ですか、反対ですか」という問いかけに対しては、「賛成」35％、「反対」が49％だった。

この調査は1月19、20日に行われた。コンピューターで無作為に作成した番号に調査員が電話をかける「朝日ＲＤＤ」方式で、３０８３件のうち有効回答は１７０３人。回答率は55％だった。

過去に電力会社と手を結んで原発を推進してきた自民党は、今回の選挙結果を「民意」として、原発再稼働を前提とした政策を進めていく。その根幹をなすものが、国のエネルギー基本計画の見直しだ。

エネルギー基本計画とは、２００２年に成立したエネルギー政策基本法の中で新たに定められた計画である。法律では「経済産業大臣は、関係行政機関の長の意見を聴くとともに、総合資源エネルギー調査会の意見を聴いて、エネルギー基本計画の案を作成し、閣議の決定を求めなければならない」となっており、少なくとも3年ごとに見直すことが義務づけられている。この基本計画が、原子力を含むあらゆるエネルギー政策の上位に位置しているわけだ。

現行の基本計画は10年に閣議決定されたものだが、第3章2節に「原子力発電の推進」の項が設けられ、30年までに14基の原発の新増設を行うことや、核燃の着実な推進などが明記されている。11年12月から見直し作業が着手され、13年度中に新しい基本計画が閣議決定されることになっていた。福島第一原発事故を受けて、どのような基本計画が出てくるのかが注目されたが、計画の立案に当たって、広く国民の意見を聞くということでパブリックコメント（以下、パブコメ）の募集、意見聴取会、討論型世論調査などを実施した結果、民主党政権は「２０３０年代に原発稼働ゼロ」という目標を掲げた革新的・エネルギー環境戦略を決定している。

しかし、政権交代後、多くの労力や資金を投入して決定された革新的・エネルギー環境戦略は、「ゼロベースからの見直し」となってしまった。13年7月から、総合資源エネルギー調査会の基本政策分科会が開催され、12月6日の第12回会合で、事務局（資源エネルギー庁）から素案が出されたのである。事務局案は、原発の新増設には触れていないものの、原子力を「準国産エネルギー」「重要なベース電源」と位置づけている。そして、新規制基準をクリアした原発は再稼働することや、核燃政策を引き続き着実に推進していくことなども明記されており、原子力についてはほぼ、前回の基本計画の内容を踏襲したものになっているのだった。おそらくこの事務局案がほとんど変わることなく、経済産業大臣に答申され閣議決定されるはずだ。（２０１４年2月17日現在）

このままでは福島第一原発事故以前のエネルギー政策に回帰していくことは間違いない。

3-7 橋下市長の変節

「選択」

「二枚舌」——。大阪市の橋下徹市長の原発をめぐる発言に対して、経済産業省の元キャリア官僚であり、大阪府市特別顧問として脱原発政策を提言してきた古賀茂明はそう呼んだ。その理由は「橋下さんの考えと維新の会の公約がまったく違うからだ」（２０１２年12月12日付の毎日新聞）。

その年の8月、「大阪維新の会」代表でもある橋下市長は、当時の民主党政権が打ち出した脱原発政策を支持し、「『２０３０年代に原発ゼロ』という方針を、日本はやらなければならない」と発言している。翌9月、国政進出をはかるために「日本維新の会」を旗揚げし、11月には石原慎太郎・元東京都知事が率いる「太陽の党」と合併。代表は石原、橋下は代表代行に就いた（後に共同代表に）。

石原代表ら旧太陽の党のメンバーが「脱原発」に慎重姿勢をみせ、一時は後退感があったが、日本維新の会の衆院選公約である「骨太２０１３－２０１６」には、橋下代表の主張である維新八策の言葉――「脱原発依存体制の構築」が盛り込まれた。当時、滋賀県の嘉田由紀子知事が代表を務める「日本未来の党」が「卒原発」の姿勢を示したこともあり、橋下代表は再び「脱原発」に舵を切る。橋下代表にとって「脱原発」は、票を集めるのにまたとない看板だった。

だが、石原代表は原発推進派。維新の公約の付随文書である「政策実例」の中で、「既設の原子炉による原子力発電は２０３０年代までにフェードアウトする」と表記しながらも、石原代表の主張に合わせるかのように、橋下代表は「議会のたたき台であり、公約ではない」と発言。古賀が指摘するように、橋下代表の原発政策をめぐる発言は二転三転している。

そもそも、橋下代表の〝変節〟は２０１２年5月に遡る。

何としても大飯原発3、4号機を再稼働したい関西電力。その前に立ちはだかったのが橋下市長だった。

大阪市は関電株の約9%を保有する筆頭株主である。しかも、橋下市長は2011年11月の市長選で「脱・原発依存」を公約にして出馬、初当選を果たしている。

福島第一原発事故後、原発を推進する経済産業省や関西電力について「電気が足りないから原子力が必要というのは、完全な霊感商法だ」と罵倒したり、大飯再稼働を認める際は「原発から100キロ以内の自治体の同意を得ること」などの条件を掲示したりするなど、脱原発の旗手として市民の支持を得ていた。

当時の野田首相が大飯原発再稼働を認めた12年4月13日にも、橋下市長は「絶対に許してはいけない。国民をバカにしている。民主党政権を倒すしかない。次の選挙では代わってもらう」と、倒閣宣言まで口にしている。

そんな強気な発言の裏には、反原発を支持する国民の世論があった。

政府の大飯原発再稼働「安全宣言」直後に朝日新聞社が行った全国定例世論調査(電話)で、大飯原発再稼働に対して「反対」が54%、「賛成」はほぼ半数の29%だった。原発に対する政府の安全対策を「信頼している」と答えた人は、「大いに信頼している」と「ある程度信頼している」を合わせて21%にとどまり、「信頼していない」が「あまり」

と「まったく」を合わせて78％にのぼるなど、再稼働に対して国民は極めて厳しい視線を投げかけていたのだ。

ところが5月19日、鳥取県内で開かれた関西広域連合の首長会で、橋下市長は次のように述べている。

「（電力の）需要問題で必要性があり、安全基準ができるまで、臨時に1カ月、2カ月、3カ月という動かし方もある」

原発再稼働反対の立場から一転、事実上の容認宣言であった。

さらに、5月31日になると、橋下市長は「建前論ばっかり言っても仕方がない。事実上の容認です」と再稼働を認めた。倒閣宣言から2カ月もたっていない。

脱原発の実現を目指して、橋下市長がこの年の2月に立ち上げた「大阪府市エネルギー戦略会議」は、原発がもたらす危険性を論じながら「原発依存からの脱却を図り、再生エネルギーの拡大と省エネルギーの推進による地域分散型のエネルギー供給体制を目指すこと」を戦略の柱に据えてきた。戦略会議ではこの夏、原発を再稼働しなくても電力は足りるとする趣旨の議論を展開してきたが、橋下市長は「足りるというのは個人の意見だ。きちんとしたプロセスで確定した数字は前提にしなければならない」と否定的な見解を述べている。

そして6月1日には「正直、負けたといえば負けた。そう思われても仕方がない」とあっさりと白旗を上げた。

この「敗北宣言」で、再稼働容認への流れが加速した。

野田首相は6月8日、福井県の西川一誠知事の「原発の必要性を広く伝えてほしい」という要求に応じる形で記者会見をし、国民向けに再稼働の必要性を改めて強調した。

これを受けて、福井県では一気に手続きが進んでいった。

まず、政府の安全宣言以降に検討を続けてきた福井県原子力安全専門委員会が6月10日、政府の安全基準を妥当と判断し、14日には県議会が西川知事に判断を一任すると同時に、おおい町の時岡忍町長が同意を表明する。

そして6月16日、西川知事が野田首相らと会談し「関西の皆様の生活と、産業の安定に資するために同意を決意した」と伝え、その後の関係閣僚による会合で、「地元の同意が得られた」「安全性が確保された」「夏の電力需要対策に必要」という理由から再稼働が正式決定された。

このとき、橋下市長は次のように発言している。

「実際に停電になれば自家発電機のない病院などで人命リスクが生じるのが大阪の現状だ。再稼働で関西は助かった。おおい町の人たちに感謝しなければならない」

７月１日、大飯原発３号機は運転を再開する。５月５日の泊原発停止から続いた「原発ゼロ」は56日間で終わった。さらに18日には、大飯原発４号機も起動した。

野田首相をはじめとした関係閣僚は、福島第一原発事故に対する国としての責任をまったく棚上げした状態で、「いかに再稼働させるか」に腐心してきた。再稼働をめぐる最も肝心な「安全性」についても、「安全」を前提とした議論しかなされていないばかりか、福島第一原発事故以前の「プロセス」を繰り返したに過ぎない。

いずれにしても、関電は日本で唯一、事故後に原発を再稼働した電力会社となったのであった（２０１４年３月末日現在）。

橋下ブラックアウト

それにしても、橋下市長はなぜ、再稼働を容認したのか。

２０１２年5月2日、政府の電力検証委員会が「再稼働しなければこの夏、関電内では10年比で15％の電力不足になる」という試算を発表した。

一方、橋下市長の政策ブレーンでもある大阪府市エネルギー戦略会議では、「さらなる需要削減などを行えば15％の電力供給不足は回避できる」という結論を出していた。だが、関西の企業の中で「この夏、計画停電や不測の大停電であるブラックアウトが起きる可能性がある」という不安が広がる。政府の電力検証委員会の試算をもとに、関電社員が関西圏の企業を回って「計画停電の恐れがある」と説明していたからだ。

計画停電は、中小企業にとっては死活問題である。その地域から選出された大阪維新の会の府議や市議も、地元の中小企業経営者や自営業者から「停電になったら倒産してしまう」とか、「工場の操業を昼間から夜間に移せば、人件費が高騰する」とか、「自助努力では限界がある」などと突き上げられていた。

小学館発行の週刊誌『SAPIO』(12年5月9・16日号)に、原子炉設計者でもあった経営コンサルタントの大前研一の寄稿が掲載されている。

〈ここから先、橋下市長が失速しないために私がアドバイスしたいことは、統治機構の変革と無関係の〝余計な喧嘩〟をしない、ということだ。余計な喧嘩とは、たとえば関西電力との喧嘩である。(中略)。橋下市長が関電いじめを続け、大飯原発3、4号機を再稼働させないままにしたとする。その結果、1回ブラックアウトが起きたら、財界は〝橋下ブラックアウト〟と呼ぶだろう。それで彼の政治生命は『ジ・エンド』だ〉

大前は橋下市長のブレーンである。大阪維新の会というネーミングも、大前の許可をもらって「平成維新の会」より名付けたもの。大前からのアドバイスもあり、政治生命をかけて脱原発を貫くべきかどうか、天秤にかけたのだろうか。そして橋下市長は一つの結論を出したのだろう。

５月15日の夜、橋下市長は、関西財界３団体——関西経済連合会・大阪商工会・関西経済同友会のトップらと大阪市内の料亭で会食している。関西経済連合会のトップは、関西電力の森詳介会長である。

橋下市長は容認した理由について、計画停電が実施された場合の市民生活への影響を担当部局に検討させていたことを明らかにした上で、「病院はどうなるのか、高齢者の熱中対策はできるのか。そう考えると、原発事故の危険性より目の前のリスクに腰が引けた」と述べている。さらに、「夏を乗り切れば、（原発を）いったん止めて、きちんとした安全基準による判断が必要だ。期間を限定しない稼働は、国民生活ではなく電力会社の利益を守ろうとしているだけだ」と語り、再稼働は電力需要が増大する夏季に限定すべきだという考えを示している。

関電も必死だった。このまま原発を動かさなかったら、火力発電の燃料調達費などで数千億円もの赤字が出る。もうすぐ美浜原発２号機が耐用年数（40年）を迎えるため、本来なら廃炉にしなければならない。それらの減損処理を加えると、債務超過に陥る可能性が高い。

関電は２０１２年６月27日の株主総会で、11年度の事業が赤字に転落したことを報告している。

〈総販売電力量の減少に伴って電灯電力料収入が減少したものの、情報通信事業をはじめとする他の事業において売上高が増加したことなどから、当年度は2兆8114億円の売上高（営業収益）を確保した。売上高に営業外収益を加えた経常収益合計は2兆8457億円となり、前年度を430億円上回った。

一方、支出は前年度に比べて5466億円増加し、当年度の経常費用合計は3兆1112億円を記録。原子力発電所の稼働率の低下や燃料価格の上昇などの影響により、火力燃料費や他社からの購入電力料が大幅に増加したためで、その結果、経常損失は2655億円、当期純損失は2422億円に上る〉。

株主総会

その株主総会で、橋下市長は質問に立ち、こう切り出している。

「関電はこのままでは潰れてしまうのではないかと大変危惧しております。（関電は）衰退産業が歩んだ道を歩んでいます。関電経営陣は経営上の将来リスクに関する株主への説明が不十分。2つについて質問しますが、細かな事実に積み重ねてうかがいます」

場内に響き渡るほどの拍手とやじを受け、橋下市長は矢継ぎ早に質問していった。

「核燃料サイクル、核燃料の再処理事業は今後も継続するのですか。中間貯蔵施設は増設するのですか。高放射性廃棄物の最終処分地はいつまでに作るのですか。このような状況で関電管内の使用済み核燃料をいつまでもたせるのですか」

「将来の経営上のリスクについてうかがいます。家庭用電力の自由化は２年後ですか。発送電分離は実現するのですか。原発について、国際標準の安全基準が議論されていますが、コスト上昇分はいくらなのでしょうか」

「発電電力量に占める原子力依存度を関電として何％を想定しているのですか。２０３０年の時点で関電の原発依存度は何％なのですか。そして、原発は何基止まれば赤字になるのですか。これから……」

森会長が「（制限時間の）３分を経過しています」と質問を遮ろうとしたが、橋下市長は「あと少し」と言って質問を続けた。

「政権が変わりエネルギー政策が変わり、依存度がゼロになったとき、関電はどう対応するのですか」

橋下市長は原発の安全性を追求するのではなく、関電経営陣に経営者としてリスクに備える姿勢を問いただした。

これに対し、関電の経営陣は「原子燃料サイクルは安定供給のためには重要と考えています。使用済み核燃料を再処理し、原子燃料サイクルが必要とされています。日本原子力発電は安全と品質確保を最優先し、再処理工場稼働開始に向け試験を進めています」と答え、中間貯蔵について「当面は利用可能となる範囲で再処理を行い、それ以上は中間貯蔵するとしています。ただ、関電として中間貯蔵施設について具体的に話できる段階ではありません。最終処分の実施を円滑に実施のために国民の理解強力が不可欠です」。

将来的な原発比率についても「大事なのは安全の確保と長期的なセキュリティーの確保。すべての課題を克服しながら安定で安価な電気を提供するといった観点から検討していきます。現時点で何%が適正かは言えません」と、橋下市長の質問を次々とかわしていく。

原子力が何基止まれば赤字が解消するかについて、経営陣は「平成23年度は原子力の利用率が38%程度でしたが、その前年は80%あり、利用率半減で代替火力の燃料調達費など5000億円のコスト増となりました。今後、原発の稼働がなければさらに4000億円コストが増えます。すべての原発が止まれば9000億円のコスト増となり、原発の再稼働がなければ継続的な経営が難しいと思っています。関西に電気を安価に提供することで企業価値を高めていきたい」と答えた。

飛び交うやじと歓声。橋下市長は途中退出した。

後日、橋下市長はツイッターで「あんな対応だから、何の意味もない」と不満をぶちまけている。

株主総会後の記者会見で八木社長は「原子力が重要な電源であるという当社の考えをしっかりお伝えできた」と述べ、こう言い切った。

「脱原発はまったくありません」――。

大阪府市エネルギー戦略会議は発足から1年後の2013年2月、「2030年までの原発ゼロは可能」とした提言をまとめた。だが、橋下市長は実現までの工程表がないことを指摘し、「具体的な工程表がなければゼロにするとは言えない」と冷ややかだった。

3-8　原発とメディア

大飯原発再稼働を後押し（2012年）

再稼働に向けてなりふり構わぬ関電を、日本経済新聞や読売新聞、産経新聞などの原発推進派の大手メディアが後押しした。

〈関電要請の節電15%　中小企業の半数「困難」〉という記事が6月7日付読売新聞に掲載された。

東大阪市内の中小企業で節電が可能としたのは5割程度、その節電率の平均は8・9％だったことが東大阪商工会議所の緊急アンケートでわかったという記事である。

アンケートは5月23～31日、従業員が10人以上の金属加工や機械製造など製造業の会員企業1078社を対象に行われ、358社（回答率33・2％）から郵送で回答が寄せられたという。

記事では〈節電が可能かという質問では、可能が182社だったのに対し、不可能は9社、わからないが167社だった。可能な節電率は、「15％以上」が28社だったのに対し、「10％」は75社、10％未満も76社に上った〉と書かれているが、節電15％以上に対して不可能と答えた9社と、わからないという回答が167社を合わせて、中小企業の半数が「困難」と結論付けるのはやや強引過ぎるのではないか。

さらに記事はこう続く。

〈具体的な節電対策を聞く設問（複数回答）には、「空調温度を高めに設定」（296社）、「事業所内の照明の抑制」（274社）のほか、「操業日・操業時間帯を変更」「生産設備の稼働抑制」などの回答があった。「国内の他地域や海外の拠点への移行」とする回答もあった。

節電要請や計画停電の影響を懸念する企業は、8割を超えており、予想される影響とし

て「設備の稼働率低下による生産減」「受注先の生産抑制による受注減」を挙げる企業が大半を占めた〉

記事からは、関電が打ち出してきた「節電目標」や「計画停電」に対する中小企業の不安や窮状を垣間見ることができる。だが、根本的な問題——本当に原発を止めると電力は足らなくなるのだろうかという問いかけには応えていない。

このあと、大飯原発の再稼動が決まると、〈大飯原発が再稼働しても供給はぎりぎりの状態。他の火力発電所でトラブルが起きれば、ただちに電力不足が生じ、大規模停電などの深刻な事態が発生する懸念は残される。このため、節電目標の縮小幅を5～10％程度にとどめ、関電管内の利用者に引き続き節電を求める方針だ〉（6月11日付産経新聞）

さらに、読売新聞は6月22日付の朝刊で、火力発電所の取水口付近にクラゲが大量発生したため、出力を落として運転する——という関電の発表を報じた。兵庫県姫路市の姫路第二火力発電所など2カ所で、最大90万キロワットの供給力が失われるという。90キロワットとは原発1基分に相当する。

この日の紙面をめくると、〈関西電力からのご報告　大飯発電所3号機、4号機の再稼働について〉と題する全面広告が掲載されていた。

〈このたび、当社の大飯発電所3号機、4号機は、「福島第一原子力発電所事故のような地震・津波が来襲しても、同様の事故が起きないという安全性が確保されていること」が国により確認されるとともに、福井県、おおい町のご理解を賜り、最終的な国の判断のもと、再稼働することとなりました。

今後、大飯発電所3号機、4号機は、国や福井県、当社による特別な監視体制のもと、安全を最優先に原子炉起動および運転を開始してまいります。

当社は、福島第一原子力発電所のような極めて深刻な事故を二度と起こしてはならないという固い決意のもと、事故直後から、電源と冷却機能の確保、浸水防止などの緊急安全対策を速やか、かつ徹底的に実施し、それら安全対策の多重性、多様性を向上させるための取組みも進めてまいりました。……〉

もちろん、読売だけではない。全国紙（大阪本社）5紙すべてに同じ内容の全面広告が掲載されていた。各社に違いはあろうが、1ページの料金は数千万円である。

朝日新聞の原発報道

読売新聞などを除けば、福島第一原発事故以降、「脱原発」を宣言し事故の詳細や原発の問題点などを精力的に報じている東京新聞を筆頭に、多くの新聞社が原発に批判的な、あるいは原子力政策を問い直す論調を強めてきた。中でも朝日新聞は、事故後に連載「原発とメディア」で、自らこれまでの原子力報道を検証したり、連載「プロメテウスの罠」で原子力政策の問題点を追及するなどして、高い評価を得ている。

一方、原発の立地をめぐる「反対」の声は、各電力会社が建設計画を明らかにし始めた１９６０年代から既に存在していた。例えば、中部電力が三重県の南島町《なんとうちょう》と紀勢町《きせいちょう》（当時）にまたがる芦浜海岸に原発の立地を決定したのは64年だが、計画が明らかになった直後から南島町は明確に「反対」の意思表示をし、２０００年に計画が白紙撤回されるまでの36年間、南島町では強固な反対運動が続けられてきた（紀勢町は自治体としては「受け入れ」であった）。

しかし、関電の最初の原発である美浜原発の場合には、計画が持ち上がった当初からそのような「反対」の声は地元からはほとんど挙がらなかった。当時、原発が立地する自治体のほとんどが、計画が明らかになった時点では概ね「歓迎」の姿勢で、反対の声はかき消されていったのである。立地自治体のみならず、まだ具体的に商業用原子炉が稼働していなかった、つまり、事故やトラブルの事例が国内でなかったこの時期は、国内世論も原発を歓迎するムードに包まれていた。それというのも、国や電力会社だけではなく新聞などのマスメディアも、原発推進の姿勢をはっきりと打ち出し、そうした世論を盛り上げていたからだ。

そもそも、マスメディアは日本が原子力開発・利用に着手した当初から、原発についてはほとんど例外なく肯定的であった。朝日新聞も、〈原子力施設の安全性そのものは、現在ほとんど問題がなくなっていると言ってよい〉（1967年8月9日付社説）、〈原子力開発の根本は、むしろ、わが国の将来を左右するエネルギー問題にあることが、最近しだいに広く理解されるようになったことは喜ぶべきことである〉（68年2月25日付社説）というように、原発の安全性と必要性を訴え続けていたのであった。

79年3月にスリーマイル島原発事故が発生した後、7月に関電の大飯原発1号機で緊急用炉心冷却装置（ECCS）が商業用原発史上初の誤作動を起こし、11月には高浜原発1号機で大量の冷却水漏れ事故を起こすなど、軽水炉の危険性はアメリカの原発だけではないことが明らかになった。高浜原発1号機での事故は、スリーマイル島原発事故と酷似しており、漏れた冷却水の量はそれを上回っている重大事故であった。

しかし、朝日新聞は総論としては、〈エネルギー情勢の緊迫化が、石油代替エネルギーの『本命』とされる原子力を大きく浮かび上がらせた〉（79年12月26日付社説）というように、「原発推進」の前提を崩さなかったのである。

福島第一原発事故以前は史上最悪とされた86年のチェルノブイリ原発事故後でさえ、朝日新聞は〈チェルノブイリ原子力発電所の事故は、人類にとって大きな警鐘であった〉

（86年6月20日付社説）としながらも、「日本の原子炉とソ連の原子炉の違いを理由に対岸の火事視するのではなく、むしろ原子力発電所としての共通性を努めて重視し、ソ連の過ちを教訓として生かすようにしてもらいたい」（86年5月1日付社説）というスタンスで、ここでも「原発推進」の前提は崩さなかった。

朝日新聞の論調が大きく変化し始めるのは95年に起こった高速増殖炉「もんじゅ」のナトリウム漏れ事故以降のことである。そして99年、茨城県東海村の核燃料工場ＪＣＯで起こった臨界事故を境に、朝日新聞は原発について「虚構の旗を降ろそう・岐路に立つ原発計画」というタイトルの社説を掲げ（99年12月23日付）、「脱原発」を含めた議論の必要性を提言するようになる。だが、既に国内では50基余りの原発が稼働もしくは建設されており、「脱原発」のハードルは極めて高くなってしまっていた。

朝日新聞に限ったことではなく、新聞やテレビなどのマスメディアは基本的に国内で死者を伴うような重大事故が起こるまでの間、基本的に原発推進の旗を振り続けてきたのであった。その責任は極めて重いと言えるだろう。

マスコミのタブー

東京電力福島第一原発事故以降、盛んに「原子力安全神話」という言葉が登場した。

日本の原子力開発・利用は、科学者の慎重論を政界や財界が〝ねじ伏せる形〟でスタートするという見切り発車であったにもかかわらず、国策として推進され、この地震大国・日本に54基（世界第3位）が建ち並ぶという現実を生み出してしまった。

そして、チェルノブイリ原発事故をはじめとした巨大事故が起ころうと、放射性廃棄物をめぐる矛盾が明らかになろうと、原発をめぐる電力会社の不正が判明しようと、日本の原子力政策はまったく揺るがずに推進されてきたのである。

その原動力が国家権力であったことは言うまでもない。反対の声を時には露骨な弾圧によって封じ込める一方で、様々な情報操作を通して「神話」、と言うよりも「神話のような状況」（多くの人々が原発を必要と考えるような状況）を作り出してきたのだった。しかし、いかに強大な権力であっても、国や電力会社のみで神話の形成はできなかったはずで、そこには新聞やテレビなどのマスメディアの協力が不可欠だったと考えられる。

もともと、「民主・自主・公開」（原子力の三原則）と言いながら、原発をはじめとした原子力施設は厚い秘密のベールに覆われてきた。事故が起きた場合でも、情報は国や電力会社がほぼ独占しているため、マスメディアはその発表に頼らざるを得なくなる。今回の福島第一原発事故に関する報道も、ほとんどが国や電力会社の発表に依拠したものだった。まさに、戦前戦中の「大本営発表」そのものの状況があるのだ。

ところが、ここに戦前との大きな違いが存在する。戦前のマスメディアは治安維持法などによる弾圧などで、不本意でも大本営発表を伝えざるを得なかったかもしれないが、原子力に関してはマスメディア自身も「推進」の立場をとってきたのである。原発に批判的な論調が目立つ朝日新聞も、少なくともチェルノブイリ原発事故のしばらく後までは、間違いなくその主張は「推進」であった。他の新聞についてもほぼ同様である。個々の記者、あるいは一つひとつの記事は違うかもしれないが、会社としてのスタンスは「推進」であり、テレビはさらにこの傾向が強かった。

「日本原子力産業会議」（現・日本原子力産業協会）という組織があるが、そこには原子力関連企業だけではなく、自治体や商社、大学などが数多く名を連ねている。現在は名簿に記載がないが、かつては大手の新聞社、テレビ局も名前を連ねていた。今でも一部のブロック紙や地方紙は所属したままである。

福島第一原発事故以降、確かにマスメディアの批判の度合いは格段に強まった。各紙の社説にも「脱原発」の文字が多く見受けられるようになっている。しかし、未だに原発の即時停止・廃炉を明確に主張するマスメディアはない。国の原子力政策に対して「見直し」は迫るものの、きっぱり「NO」とは言えないまま今日に至っているのだ。

原発そのものに対する批判だけではなく、電力会社に対する批判もマスメディアは歯切れが悪い。1976年12月、関電の美浜原発1号機で73年3月に燃料棒折損事故が発生していたことが発覚した。きっかけは、田原総一朗著『原子力戦争』に付けられていた報告「美浜一号炉燃料棒折損事故の疑惑」だった。関電は、事故を4年近くも隠していたことになる。原子力委員会は、同年12月7日、関電を厳重注意とした。

また、99年9月、関電の高浜原発3号機に使用予定だった、イギリス原子燃料公社（BFNL）製造のMOX燃料ペレットの寸法データが改ざんされていることが、明らかになった。データの偽造は、22ロット分で、関電は独自の抜き取り調査を行っているが、偽造を見抜けなかったという。発覚当時、高浜原発4号機用のMOX燃料が日本へ向けて輸送中であった。なお、関電は同年10月にデータ改ざんの疑惑について情報を得ていたが、BFNLからの不正はないとの連絡を受けて通産省や福井県に報告していなかった。

関電の事故隠しの体質は、福島第一原発事故後も変わりなかった。再稼働の準備に入ったばかりの大飯原発の3号機で、2012年6月19日、発電機のタンクの水位が下がったことを示す警報が作動したにもかかわらず、関電と原子力安全・保安院が発表したのは13時間後であった。

関電によると、大飯原発では19日午後9時50分ごろ、3号機の発電機を冷やすための水をためるタンクで、水位が下がったことを示す警報が作動した。このため、作業員がタンクを調べたところ、水漏れは起きていないものの水位は通常より5センチほど低かったという。大飯原発では政府の再稼働の決定を受けて、発電に向けた準備作業が始まったばかりで、国も検査官が中央制御室に常駐し、事故やトラブルが起きた際、迅速に対応するための「特別な監視体制」を取っていた。関電は公表の遅れについて「法令では公表するレベルではないので、昨夜は発表しなかった」と説明している。

これに対し、原子力安全・保安院の森下泰統括管理官は、地元のおおい町で記者会見し、「自分の判断ミスで発表が遅れ、申し訳ない」と謝罪している。

たね蒔きジャーナル

こうした事故隠しについて、発覚当初にマスメディアは厳しい批判を浴びせている。しかし、時間の経過と共に関電への追及はトーンダウン、いやフェードアウトしていってしまった。

「たね蒔きジャーナル」は２００９年10月に始まった。記念すべき第一回は、「新聞うずみ火」の事務所から中継した。現在では珍しい、ラジオ報道が制作する報道番組という硬派な位置づけであった。その名前がとりわけ印象づけられたのが、福島第一原発事故に関する報道である。

大手メディアが政府や東京電力の「大本営発表」を報道し「メディア不信」が募る中で、反原発で著名な京都大学原子炉実験所助教の小出裕章が11年3月14日から出演し、政府や東京電力の発表とは違う視点で福島第一原発事故について伝えたことで大きな支持を得ていた。しかし、ＭＢＳは12年10月、番組再編を機に同番組の打ち切りを決定した。理由は、人件費などのコストに関わる経営判断とされているが、毎日放送ラジオ報道部の戦いは終わったわけではない、週一回に縮小されたものの、金曜夜に放送される「報道するラジオ」にその精神は引き継がれている。

ＭＢＳは、08年に「なぜ警告を続けるのか～京大原子炉実験所・〝異端〟の研究者たち」というドキュメンタリー番組をテレビ放送した際、関電は「反対派の意見ばかり採り上げるのは公正ではない」という申し入れを行い、しばらくの間、スポットＣＭを引き上げたという経緯があったからだ。なお、関電はこの件について「放送された番組の内容を受けてＣＭの出稿量を減らした事実はない」としている。

そもそも、家庭向け電力は各電力会社の地域独占で競争がないのにもかかわらず、なぜマスメディアに広告を出す必要があるのだろうか。電力会社は「会社のイメージを高める必要がある」「業務内容について消費者に知ってもらう必要がある」とするが、広告宣伝費は非常に巨額だ。電力会社の２０１１年３月期の「普及開発関係費（この費目にテレビ放送費、ＰＲ館の運営費など、いわゆる広告宣伝費用が含まれている）」をみると、東電の２６９億円がダントツで、それに関電の１８５億円が続く。第３位の東北電力は85億円だ。

08年のリーマン・ショック後、業界では広告費や宣伝費が大幅に削られてきたが、例えば、自動車メーカー８社の広告費合計がリーマン・ショック後は２０１３億円と、その前年度の３６８２億円に比べて46・５％減とほぼ半減したにもかかわらず、電力会社の削減率はトータルで約16％減にとどまっている。これは、発電にかかる経費を積み上げて、さらに一定の利益を上乗せして料金を定めることができる電気料金の「総括原価方式」に支えられているからだ。

普及開発関係費は、発電にかかる経費に含まれているため、電力会社は巨額の広告宣伝費を捻出できるわけである。その費用の一部が、新聞やテレビ、ラジオなどへの広告費としてマスメディアに流れており、電力会社は巨大スポンサーの一つとしてマスメディアへの影響力を持ち続けてきた。

そして、広告費収入が経営を大きく左右するマスメディアは、他の巨大スポンサーとともに電力会社に対しては徹底的な批判ができないまま、今日に至っているのであった。

科学報道の落とし穴

ここまでマスメディアの原発報道の問題点を指摘したが、その原因はマスメディアの原子力政策に対する姿勢のみにあるわけではない。

原子力問題は、これまで主に「科学報道」の分野で扱われてきた。そして、原子力を担当する記者のほとんどは「科学記者」である。科学記者の場合、取材内容に特殊・難解な専門用語が多く、その理解のための予備知識が必要とされるが、取材方法は他の記者とまったく同様で、取材対象である人に会い、話を聞き、内容をまとめて記事化するという一連の作業に変わりはない。あえて違いを強調すれば、主たる取材源である科学者・技術者たちの特性であろう。

科学者・技術者はいわゆる「サイエンス・コミュニティ」と呼ばれる独特の社会を形成しており、そこでは時として一般社会の常識が通用しない論理がまかり通るとされる。福島第一原発事故後に問題とされた「原子力ムラ」は、その典型である。そして科学報道において他の報道と大きく異なる点、最も技術的困難を強いられる点が、記事として取り上げる際の「価値判断」である。「サイエンス・コミュニティ」から得た情報について、その外部から検証することは極めて難しいのだ。そこに現場の苦悩がある。

当然、「適切な価値判断」をするために、科学記者は多様な対応をしている。しかし、価値判断においては、当事者である科学者・技術者、中でもその分野の「権威」に大きく依存せざるを得ない。科学の世界では、学会などの機関に認められない限り、いかなる研究成果を上げようと科学者は「権威」とはなり得ない。

東京電機大学理工学部教授の若松征男は「戦後日本の科学技術は、大学を中心としたアカデミズムによって支えられていたというよりは、かなり大きな部分、通産省などの政府機関の政策によって支持・指導された産業界を中心として展開されたものである」（若松征男「新聞は予見・先見性の発揮を」『新聞研究』５４４号、１９９６年）と指摘しているが、まさしくその通りの状況があることは、日本の原子力開発を考えてみれば明らかであろう。すなわち、科学者・技術者が国や企業のいずれにも与さず独自の見解を表明することが、極めて困難となるのである。そして、特に原子力開発のように、その是非をめぐって社会的な議論の対象となっているケースでは、こうした状況が科学報道に大きなジレンマをもたらすことになる。

原子力開発をめぐって、反対あるいは批判的な科学者は少なからず存在する。しかし、そうした科学者は学会においては少数派であるばかりか、アウトロー的存在とされてきた。国の認識に至っては「学会において研究発表していない科学者は科学者とは認められない」という見解が示されたことすらあった。

一方、国が推進する事業として原子力発電所をはじめとした施設は着々と建設・運用され、既成事実の積み重ねが続き、その過程で得られたデータは国・企業、そして「推進」する科学者によって独占されていく。そうした過程の中で、原子力開発に関しては科学者同士、あるいは科学者と国との間でその是非をめぐり「科学的な議論」がなされたとしても、反対あるいは批判的な科学者の主張は「科学的根拠に欠ける」と断じられてしまうのが一般的であった。

これに対して科学報道は、最近こそは「推進派と反対派という二つの対立する意見がある時には、推進している人たちはだれなのか、その人たちが世の中で権力、資金力、情報伝達力を持っているかを考えます。それらがない人たちには、多少比重を置いて報道したい。持っている側には、やや厳しく当たることはあってもいい」(「期待される批判精神と健全な常識・新聞の科学報道を考える(座談会)」『新聞研究』544号、1996年)という主張も現れるようになったが、原子力開発当初から80年代前半までにおいては、反対あるいは批判的な科学者の主張を「科学的に批判」する側に回ることすらあった。

実は、原子力開発に反対あるいは批判的な科学者が「科学者」「専門家」として紙面に登場するのは、事件・事故における報道の際の「コメンテーター」というケースがほとんどである。そして、国や産業界、そして学会に対し敢えて「異議」を唱え続けてきた科学者は、その活動の在り方ゆえに、紙面に登場する場合「科学者」「専門家」の肩書き以上に「活動家」「運動家」としての「顔」が前面に出てくる。事件・事故報道は、科学部のみならず社会部をはじめとした複数のセクションの共同作業となるため、仮に科学記者の取材によるものであっても、「科学的コメント」というより「社会的コメント」の色彩が強くなってしまうのだ。

一方で、純粋な科学報道となり得るのは主に「解説記事」になるわけだが、そこでの手法として「意見の対立の背景になっているデータをなるべく豊富に出していくこと」がなされる。しかし、「データですから、なるべく客観性を追求しますが、データの選び方で、結果的には多少の色分けがつくのはやむを得ない」(「期待される批判精神と健全な常識・新聞の科学報道を考える（座談会）」『新聞研究』５４４号、１９９６年）という事情がある。特に大量のデータが主張の異なる一方（原子力政策の場合は主に国、事業者）に独占されている場合、科学記者が「科学的」であろうとすればするほど、その意図とは関わりなく「現状追認」あるいは「権威的」と受け取られるような記事になってしまう可能性が高くなってしまうのである。

第4章 原発の未来

4-1 たまり続ける使用済み核燃料

再処理工場の遅れ

原発を運転する上で最大のネックとなる問題が、「核のゴミ」と言われる放射性廃棄物の処理・処分であった。商業用原発の運転に着手した当時、この問題が先送りにされてしまったため、放射性廃棄物が敷地内にたまり続ける状況を指して原発は「トイレなきマンション」に例えられてきた。

放射性廃棄物とは放射能（放射性物質）そのもの、放射能を含むもの、放射能で汚染されたもの全般を指す。放射能の強さによって高レベル、中レベル、低レベル放射性廃棄物と分けることができるが、その区分は明確ではない。日本では一般的に原発の使用済み核燃料を再処理した後に生じる廃液と、それを耐熱ガラスと混ぜて専用の容器に固め込んだ「ガラス固化体」のみを高レベル放射性廃棄物と呼んでおり、それ以外の廃棄物はすべて低レベル放射性廃棄物となっている。ただし、これらはあくまでも一般的な呼称であり、例えばガラス固化体は法令上「特定放射性廃棄物」となっている。

日本は、第3章で触れたように、原発から出る使用済み核燃料を再処理し、燃え残りのウランやプルトニウムを取り出して使用する「核燃料サイクル」を原子力開発・利用の柱

使用済み核燃料の再処理工程

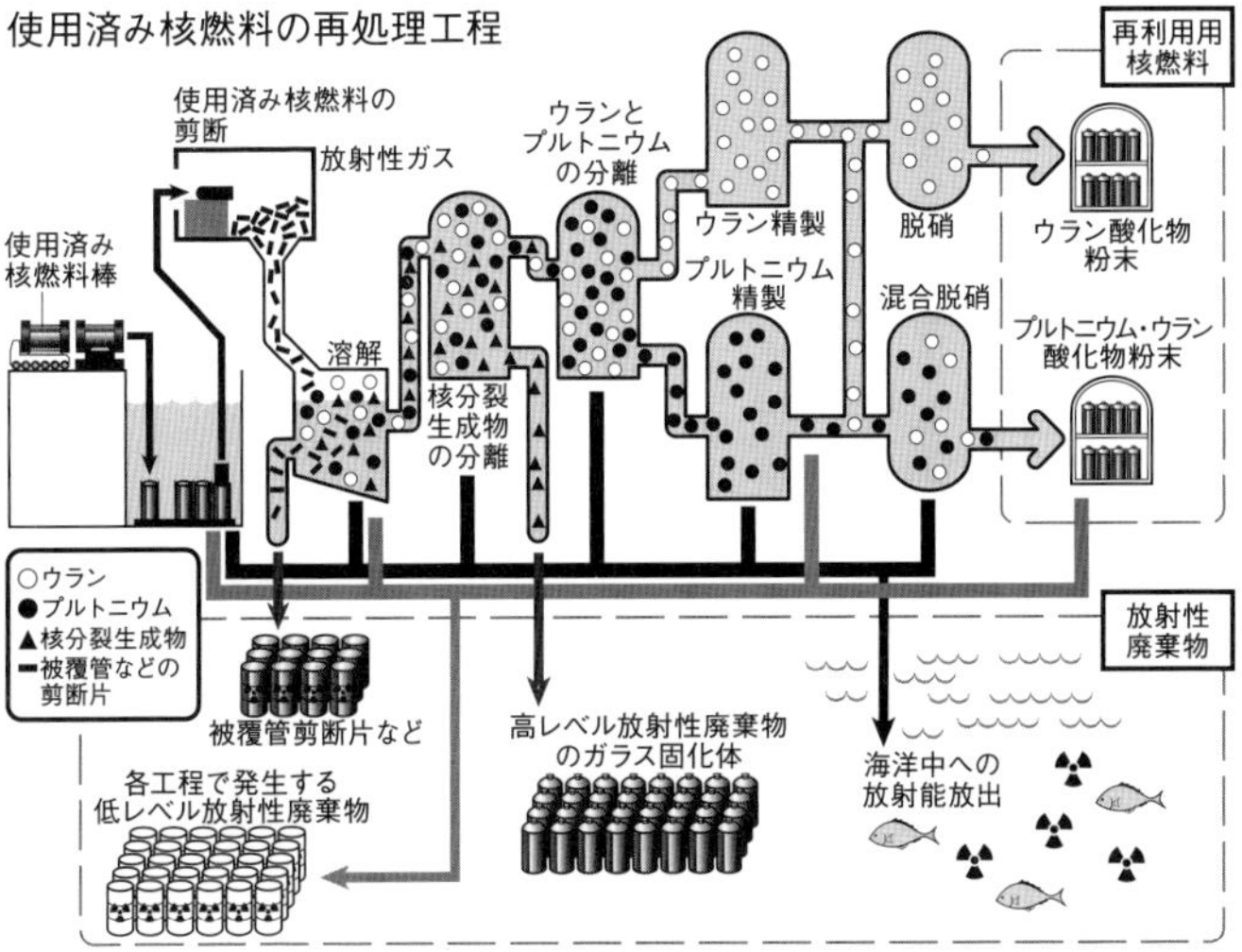

に据えてきた。ちなみに、世界的には多くの国々が再処理計画からは撤退し、使用済み核燃料をそのまま高レベル放射性廃棄物として処分（いわゆる「ワン・スルー方式」）する方針が主流となっている。

実は、原発のみならず核燃料サイクルのさまざまな工程において、大量の放射性廃棄物が生み出されてきた。核燃料サイクルは、核燃料の原料となるウラン鉱石の採掘に始まり、精錬、転換、濃縮、再転換、燃料加工、原発での使用、再処理、等々の工程がある。天然に存在するウラン鉱石が、この核燃料サイクルに投入されることによって膨大なゴミを生み出し続けている。採掘場で発生するウラン残土のみならず、原発で使用することによって新たに生み出される放射性物質（プルトニウムなどは天然には存在しない）、そして施設が廃止された時には施設そのものが巨大な放射性廃棄物と化すからだ。しかし国は、原子力開発・利用をスタートさせた当初、放射性廃棄物の問題について検討はしたものの、具体的な対応を決定しないまま「見切り発車」をしてしまったのだ。

国の基本方針が最初に決定したのは、既に国内で商業用原発が運転を始め、建設ラッシュが始まった1976年である。

原子力委員会が「高レベルはガラス固化して地下、低レベルは固化し海洋および陸地処分する。処理処分の経費は発生者が負担」としたのだ。

ところが、使用済み核燃料については国内の再処理工場計画が思うように進まず、また低レベルについては太平洋諸国の猛反対で海洋投棄はできなくなってしまう。そこで、原発でたまり始めた使用済み核燃料を、当時再処理事業が本格化していたイギリスとフランスに再処理を委託することで、また低レベルについては原発の敷地内で保管することで何とかしのいできたのだった。

関電も1990年から98年までに、BNFL社（英国原子燃料会社）、COGEMA社（仏国原子燃料会社）の再処理工場へ、合計で約1850トンの使用済燃料を委託している。

だが、稼働する原発が増えるに従って使用済み核燃料の量も飛躍的に高まり、原発の施設内のプールで保管する以外に方法がなくなってしまった。また低レベルについても、敷地内の保管施設の容量が次第に限界に近づいていく。さらに、イギリスとフランスからは再処理で生じた高レベル放射性廃棄物の返還が始まろうとしていた。

そこで登場したのが、青森県六ヶ所村の核燃料サイクル施設（以下、核燃）であった。核燃はウラン濃縮工場、低レベル放射性廃棄物埋設センター、再処理工場、高レベル放射性廃棄物貯蔵管理センターなどを集中立地する計画で、1985年に青森県が受け入れを表明して以来、一気に施設の建設が進められてきた。現在、再処理工場以外は操業を開始している。

注目すべきは、低レベル放射性廃棄物埋設センターと高レベル放射性廃棄物貯蔵管理センターである。前者は1990年に着工し92年に操業開始、後者は92年に着工し95年に操業開始している。これによって、国内の原発でドラム缶に詰められて保管されていた低レベル放射性廃棄物は一斉に六ヶ所村に送り込まれ、また、95年から返還された高レベル放射性廃棄物も受け入れ先を確保することができたのであった。

しかし、使用済み核燃料の最初の行き先である再処理工場は、操業が遅れに遅れている。

施設自体は1993年に着工し、98年にはほぼ完成して第1回の試験用の使用済み核燃料を搬入している。2000年からは本格的な使用済み核燃料の搬入が開始され、2006年に本格操業に向けた最終段階のアクティブ試験が始まったが、その後にトラブルが続出した。

事業主体である日本原燃は2013年10月、計画当初から数えて20回目の延期を発表したが、原子力規制委員会の安全審査などの見通しが不透明なため、完成予定を示すことができなかった（19回目の延期の際に示された完成年は13年10月）。10年末で3252トンの使用済み核燃料が運び込まれているが、現在はそれもストップしている。

使用済み核燃料の受け入れ貯蔵施設には、保管用のプールが3つあるが、再処理の遅れによって使用済み核燃料がたまり続け、今ではほとんど受け入れ余地がない。なお、関電からは美浜原発の456体分、大飯原発の532体分、高浜原発の938体分の計1926体が既に搬出されている。

限界に近づきつつある燃料保管

六ヶ所村の再処理工場の本格稼働が大幅に遅れていること（海外への再処理委託は契約が既に終わっている）で、再び使用済み核燃料が原発敷地内にたまり始め、保管用のプールが満杯になりつつある。

関電の場合、2013年3月末時点で美浜原発、大飯原発、高浜原発の計11基の貯蔵プール（容量は1万1309体分）には、合計6626体の使用済み核燃料が保管されている。各原発がもしも再稼働した場合、そのまま運び出せなければ6〜7年で満杯となる計算だ。

2013年11月、福島第一原発の4号機の保管プールから使用済み核燃料の取り出す作業が始まった。その際、高い放射線に伴う作業の難しさが明らかになったが、仮に再処理をしなかった場合には使用済み核燃料そのものが「高レベル廃棄物」となる代物である。再処理の目処が立たず、搬出先も定まらないとなれば、各原発は膨大な「核のゴミ」をため込んでいくことになってしまうのだ。

保管用の施設（プール）を増設すれば良いという考え方もあるだろうが、特に関電の場合はそういうわけにもいかない。原発の敷地も限られている上に、福井県が使用済み核燃料をため込むことに難色を示しているからだ。特に、福島第一原発事故以降、大飯原発3、4号機以外の原発の再稼働の目処が立たない状態に陥った2013年6月、西川一誠知事が菅義偉官房長官に「稼働させずに放置したまま、使用済み核燃料をとどめておくことは想定も約束もしていない」と不満をぶつけている。

イギリスとフランスへの再処理の海外委託契約が終了し、青森県六ヶ所村の再処理工場の建設が遅れていた時点から、関電に限らず原発を所有する電力会社にとっては、たまり続ける使用済み核燃料は頭の痛い問題であった。各電力会社は、原発内の使用済み核燃料置き場に、当初の計画より詰めて置けるようにするなど、様々な取り組みをしてしのいできたが、それも限界に近づいていた。

そうした中で、この状況を打開するために考え出されたのが「中間貯蔵施設」の建設である。これは、使用済み核燃料の保管用のプールを原発敷地以外に建設し、そこに運び込んで再処理工場の本格稼働を待とうというものだ。2000年6月に「原子炉等規制法」の一部改正が施行され、使用済み核燃料を原発施設外で貯蔵することが可能になったためである。

具体的計画をいち早く打ち出したのが東京電力と中部電力、日本原子力発電であった。電気事業連合会のホームページには次のように説明されている。

〈青森県六ヶ所村の再処理工場は、操業開始に向けて建設が進められています。しかし使用済燃料の発生量と処理量を考えると、従来までの原子力発電所内での貯蔵に加え、発電所外において使用済燃料を貯蔵する施設が必要です。

電力各社の使用済燃料貯蔵においては、発生状況に応じてリラッキング、乾式キャスク貯蔵など発電所構内での貯蔵、号機間移送、中間貯蔵施設の立地など必要な対策をおこなっています。今後は各社の使用済燃料の貯蔵量を見極めながら、必要な対策を計画的に着実に進めていきます。青森県むつ市では、２０１２年７月の事業開始に向けて、東京電力と日本原子力発電の使用済燃料を貯蔵するリサイクル燃料貯蔵センターの準備工事が進められているほか、２００９年１月には中部電力が浜岡１号機、２号機の運転終了に伴い、使用済燃料を再処理工場に搬出するまでの間、同発電所の敷地内に「使用済燃料乾式貯蔵施設」の建設を公表しました〉

使用済み核燃料の保管は、従来のように燃料プールに貯蔵して保管する「プール方式」と、専用の大型容器（キャスク）に小分けして保管する「キャスク方式」があり、乾式貯蔵施設とは後者を採用したものである。

中部電力によれば、〈使用済燃料乾式貯蔵施設は、使用済燃料を再処理施設に搬出するまでの間、専用の容器（金属キャスク）に収納して貯蔵する施設であります。また、施設は、約７００トン・ウラン規模１棟、平成28年度の使用開始を目標とし、発電所敷地内に建設します〉とのことだ。

また、青森県むつ市の中間貯蔵施設については、「原子炉等規制法」の一部改正が施行された直後に、同市が中間貯蔵施設の誘致に名乗りを上げたことが発端となった。そして

2005年11月、東京電力と日本原子力発電の共同出資でむつ市内にリサイクル燃料貯蔵株式会社（RFS）が設立され、10年8月に中間貯蔵施設の建設が始まった。13年8月に施設は完成し、10月から東京電力の柏崎刈羽原発の使用済み核燃料を搬入する予定であったが、原子力規制委員会が、12月に施行する新規制基準への適合を確認するまでは「使用前検査は実施しない」という方針を打ち出したため、操業開始は延期されている（13年11月現在）。施設が本格的に操業を始めれば、使用済み核燃料を最終的に建屋2棟で合計5000トンを貯蔵し、50年間保管する計画となっている。

関電も中間貯蔵施設には早い段階から関心を示していた。まだ「原子炉等規制法」の一部改正も施行されていなかった1993年7月、当時の秋山喜久社長は記者会見し、中間貯蔵施設を建設する可能性について、福井県以外の関電の電力供給エリアで十数カ所を候補地として選定済みで、2000年度末までに場所を確定するという方針を示している。さらに、01年4月には石川博志社長が記者会見で、立地地点について「4カ所に絞り非公式に打診している」としていた。

しかし、この時点で具体的な地名は明言されていない。03年2月21日、産経新聞朝刊1面に「御坊沖に核燃料貯蔵施設　関電、近く地元に正式提示　第2火力予定地で計画」という大きな記事が載った。地元・和歌山県の地域紙である紀州新聞は前日に「原発関連施設誘致」と題した記事を掲載し、一部議員の間に誘致の動きがあると報じている。

御坊第２火力発電所予定地は、運転中の第１火力発電所の横の海面で、２０００年に埋立て工事に着手したものの、電力需要の低迷で運転開始時期が先送りされ続け、05年に計画が白紙撤回されていた。この代替案として、中間貯蔵施設の計画が浮上してきたというのである。現在までのところ、御坊市の計画は具体化していないが、関電にとって中間貯蔵施設の建設は喫緊の課題なのであった。

中間貯蔵施設の建設は不透明

御坊市の計画は現時点では「幻」となっているが、中間貯蔵施設をめぐる動きは他にもあった。03年12月には美浜町の山口治太郎町長が誘致検討を表明し、04年３月には小浜市議会が誘致推進を決議している。同年７月には美浜町議会も誘致推進を決議した。美浜原発３号機の蒸気噴出による死傷事故によって、美浜町の誘致活動は一時中断したものの、07年12月に山口町長が改めて誘致の姿勢を示している。

しかし、福島第一原発事故以降、状況は一変した。前述したように、福井県の西川一誠知事が使用済み核燃料を県内にとどめることに対して、従来から示していた拒否の姿勢をさらに明確にしたからだ。12年４月、枝野幸男経産相（当時）と会談した後で西川知事は

「電力を消費する地域でも、中間貯蔵とか、広く痛みを分かち合い、分担もお願いしなくてはいけない」と述べている。また、同年6月、大飯原発3、4号機の再稼働に同意した際、西川知事が政府に要望した8項目の中には「使用済み核燃料の中間貯蔵対策の強化」が明記されている。これに対して、美浜町の山口町長は、中間貯蔵施設の建設は県外では理解を得られないとして、改めて「誘致を前向きに考える」と表明するなど、混乱が深まっていった。

西川知事の要望を受けて政府は同年11月、中間貯蔵施設について話し合う協議会への参加を全国の知事らに求めたが、前向きな姿勢をみせたのは、自県に原発をかかえるために、中間貯蔵施設を押し付けられることになるのを阻止したい福井県と茨城県だけであった。

そうした状況に西川知事は、2013年1月に安倍晋三首相と面談して、中間貯蔵と最終処分に目処をつけるよう強く求めた。4月には、関電の八木誠社長に「発電は引き受けてきたが、中間貯蔵や処分まで引き受ける義務はない」と県外の火力発電所に施設をつくるように迫っている。関電は同年6月、中間貯蔵施設の県外建設を進めるプロジェクトチームを作ると発表したが、候補地選びの具体的目処などは示さなかった。西川知事は、中間貯蔵施設の受け入れ先として、電力消費地である近畿の府県を念頭に置いている。だが、2013年6月22日付の朝日新聞(福井版)に掲載された『岐路の原発銀座』という特集記事には、次のような記述がある。

〈近畿の各府県の反応はまちまちだ。大阪府の松井一郎知事は昨年（２０１２年・筆者注）４月、「福井に押し付けるのではなく、恩恵を受けている自治体が検討するのは当然」などと述べ、関西広域連合で論議する考えを示した。兵庫県の井戸敏三知事も今年４月、「どんな協力ができるのか検討する必要がある」と語り、広域連合で話し合う必要性を認めた。しかし「陸上輸送できないという物理的な課題もある」とし、まだ広域連合の議題にのせていない。

一方、京都府の山田啓二知事は「消費地で保管という話には違和感を覚える」との立場。滋賀県の嘉田由紀子知事の考え方については、県の担当者は「次世代に先送りするのは倫理的に許されない」と説明。「早く原発をゼロにしてほしいと思っている」「国民的議論を深めていく必要がある」と答えるにとどまった。奈良県の荒井正吾知事は昨年４月に「消費地であれば、みんな前向きに考えなければならない」と述べたが、その後、職員を福井県に派遣して陸送の危険性がわかったとして、消極姿勢に転換。県の担当者は「関電の火力発電所が県内にはなく、適地がない」と説明した。

和歌山県の仁坂吉伸知事は昨年４月、「西川知事の気持ちは痛いほどわかる」と述べる一方、関電から数年前にあった打診には「嫌と言いました」。県内２カ所に関電の火力発

電所があるが、県の担当者は、輸送の危険性や住民同意の難しさを挙げ、「原発のそばにつくるべきだ」と話した〉

今のところ、近畿の府県で前向きに中間貯蔵施設を受け入れようと考えている知事はいないようだ。市町村レベルでは、具体的に明らかになっているのは前述した御坊市での動きのみである。福島第一原発事故前の2010年8月、就任したばかりの関電の八木社長は御坊市での誘致の動きに対して、「ありがたい申し出だ。初期段階の調査で立地の可能性は技術的には十分あると判断しており、もう少し詳細な調査をさせてもらった上でご意見を賜りたい」と述べていたが、具体的な話は進んでいないようだ。

福島第一原発事故による除染で、はぎ取った土など放射能を帯びた廃棄物が仮置き場に放置されたままになっているが、それらを貯蔵するための「中間貯蔵施設」ですら予定地が定まらずに計画が難航している。それらとは比べものにならない使用済み核燃料の受け入れ先が、簡単に決まることはないであろう。だが、もし関電が原発を運転し続けるとしたら、いずれ御坊市への建設計画が表面化してくるかもしれない。

4-2 高レベル放射性廃棄物の最終処分

史上最悪のゴミ

原発を稼働し続けていく上で、避けて通れない最大・最難関の課題が、高レベル放射性廃棄物（以下、高レベル）の処理・処分である。日本は核燃料サイクル政策において、使用済み核燃料をすべて再処理することにしている。

再処理では、使用済み核燃料を燃料棒の状態のまま細かく切断して濃硝酸に溶かし、さまざまな化学処理を施してプルトニウムと燃え残りのウランが抽出される。その際、大量の廃液が出るのだが、半減期が長い長寿命核種（ネプツニウム、アメリシウム、キュリウムなどで天然には存在しない）が含まれており、再利用はできない。それらが高レベルとなるのだ。

現在、それらの処理は蒸発などによって体積を減らした後、溶融炉の中で溶かしたガラスと混ぜ合わせ、ステンレス製の「キャニスター」と呼ばれる容器に入れて冷やし固めるという手法がとられている。それらは「ガラス固化体」と呼ばれ、一般的には高レベルとはガラス固化体を指している。

資源エネルギー庁のホームページにある放射性廃棄物等対策室の〈製造直後のガラス固

化体（日本原燃（株）仕様）の放射線量は、その表面の位置に人間がいた場合、国際放射線防護委員会（ＩＣＲＰ）の勧告の中で１００％の人が死亡するとされている放射線量（約7シーベルト）をわずか20秒弱で浴びてしまうレベル（1時間あたり約１５００シーベルト）です〉という説明にあるように、ガラス固化体は強烈な放射線を出す。〈しかし、放射線量は対象物から距離をとることや、遮蔽を施すことによっても、その影響を低減することができます。例えば、製造直後のガラス固化体でも、1メートル離れた位置に厚さ約1・5メートルのコンクリートの遮へいをほどこすことにより、法令上の管理区域（この区域に立ち入る人は浴びた放射線量の管理をする必要があります）を設定しなくてもよいレベルになります〉というが、遮蔽しなければ人が近づくこともできない厄介な代物で、人類が生み出した「史上最悪のゴミ」と言われている。

なお、国は欧米でも実績があり確立した技術としているが、ガラス固化体の技術は未だに完成したものとはいえないという指摘もあり、極めて危険なゴミでもあるのだ。

六ヶ所村の再処理工場は未だに本格稼働していないが、実は日本には２０１２年12月末現在で１９３０本のガラス固化体が既に存在している。茨城県東海村の再処理工場で製造されたものと、イギリス・フランスから返還されてきたものである。

先述したように、関電をはじめとした電力会社はイギリスとフランスに再処理を委託してきた。１９９３年にフランスから抽出されたプルトニウムの返還が開始されたが、翌年からは高レベルの返還も始まった。この返還に備えて、国は六ヶ所村の再処理工場に併設する形で高レベル放射性廃棄物貯蔵管理センターを建設している。

実は当初、核燃はウラン濃縮工場、低レベル放射性廃棄物埋設センター、再処理工場の「3点セット」という計画が示されていたのだが、後に高レベル放射性廃棄物貯蔵管理センターが付け加えられた（国は再処理工場の施設の一つと説明）という経緯があった。計画が明らかになった時点で、高レベルの最終処分につながる可能性を懸念した青森県が難色を示したが、あくまでも30年〜50年の「一時貯蔵」であることを確認した上で、最終的には受け入れている。

ガラス固化体について日本原燃は、

〈エジプトでは数千年前のガラス服飾品やグラスが、我が国でも千数百年前のガラス装飾品が見つかっており、それらが今も美しい色と光沢を保っていることからも分かるように、ガラスは長期間にわたり安定した物質です。ガラス固化による高レベル放射性廃棄物の処理は、ガラスが有している高い熱的・化学的安定性、耐放射線性、閉じ込め性を利用したものです。ステンレス鋼製容器（キャニスター）の材質は日本工業規格（ＪＩＳ）のＳＵＨ３０９に相当する耐熱ステンレス鋼で、高温状態においても高い機械的強度を有する特徴があります。また、貯蔵期間中に想定される腐食量に対して余裕を持った肉厚とし、応力腐食割れに対しても、接触する空気中の湿分や塩分付着の抑制によって防止することができます〉

と安全性を強調しているが、返還されたガラス固化体の内容物などを確認する手段はなく、安全性は相手国任せとなっている。

しかも、前述したように中身は長寿命核種（例えば、ネプツニウム237の半減期は214万年）であるため、その管理は数千年では済まなくなる。また、資源エネルギー庁の試算では、2009年12月末までの原発の運転によって生じた使用済み核燃料をすべて再処理した場合には、約2万3100本のガラス固化体が生み出されるという。100万キロワット級の原発を1年間運転した場合に換算すると、相当するガラス固化体は約30本という計算だ。

日本が使用済み核燃料の全量再処理を掲げ続ける限り、膨大なガラス固化体を抱え込むことになる。

課題が山積の地層処分

六ヶ所村などに「一時貯蔵」されている高レベルは、最終的にはどのように処分されるのであろうか。

高レベルの処分については、2005年に閣議決定された「原子力政策大綱」に明記されているように、国は「ガラス固化した後に国内の地下300メートルより深い場所に地層処分」という方針を立てている。この方針は、1970年代後半に原子力委員会が決めていた内容を踏襲したものだ。

この方針に基づいて、当時の動力炉・核燃料開発事業団（以下、動燃）が、ガラス固化技術と地層処分技術の研究・開発を行ってきた。1998年の動燃解体後は、核燃料サイクル開発機構が、そして2005年からは原子力研究所と統合された日本原子力研究開発機構が、引き続き研究・開発を行っている。

地層処分の技術は、現在に至るまで世界中どこの国でも確立してはいない。候補地が決まっているのは、現在のところフィンランドとスウェーデンの2カ国のみだ。しかも、両国とも再処理はせず使用済み核燃料をキャニスターという容器に収めて処分する方式なのである。

にもかかわらず、2000年にはガラス固化した上での地層処分を実施するための「特定放射性廃棄物の最終処分に関する法律」が制定され、処分実施主体として各電力会社などの出資によって原子力発電環境整備機構（NUMO）が設立された。

原子力政策大綱によれば、「2030年頃の処分場操業開始を目標」ということだが、現段階ではまったく目処は立っていないというのが実情だ。しかも、日本の場合の高レベルはあくまでも再処理という過程で出てくる廃液のみが対象であって、再処理前の使用済み核燃料は視野に入っていない。再処理が不可能となった場合は、使用済み核燃料もまた「高レベル」となることは言うまでもないが、そうなれば「ガラス固化して地層処分」というわけにはいかなくなってしまう。

現在、日本では北海道幌延町《ほろのべちょう》の幌延深地層研究センターと、岐阜県瑞浪市の東濃地下学センター（いずれも日本原子力研究開発機構が事業主）において、地層処分に関連した研究開発が進められている。その内容は、幌延深地層研究センターによると、〈高レベル放射性廃棄物を地層処分する際に使われる、人工バリアを定置する際に求められる精度を明らかにする研究開発などを行います。また、廃棄物を埋設した後の坑道を埋め戻す技術の研究開発も行います。さらに、構築した人工バリアシステムなどの設計手法の妥当性検討および改良・高度化を進めます〉

であり、東濃地下学センターによると、〈東濃地科学センターでは、高レベル放射性廃棄物の地層処分技術に関する研究開発の一環として、その基盤的な研究である地質環境の長期安定性に関する研究を進めています〉ということになっている。

地層処分について、資源エネルギー庁の放射性廃棄物等対策室は〈地下深部の地層は、ものの動きがゆっくりしているうえ地表より天然現象や人間の活動の影響を受けにくいので、「地層処分」では、高レベル放射性廃棄物を数万年以上わたり、人間の生活環境から遠ざけることができます。高レベル放射性廃棄物の処分方法については、これまで国際機関や世界各国でいろいろ検討されてきました。その中で「地層処分」が他の方法と比較して、もっとも問題点が少なく、実現可能性があることが国際的に共通した認識となっています。わが国では、高レベル放射性廃棄物について、安定な形態に固化（ガラス固化）して30～50年程度冷却のため貯蔵を行った後、地下３００メートル以深の地層中に処分（地層処分）することを基本方針としています。地層処分では、「多重バリアシステム」を用いることにより、放射性物質を閉じ込め、人間の生活環境への影響を十分小さくします〉と説明する。

しかし、地下深部の地質環境の特性に関して、日本は世界有数の変動帯であると同時に、破砕度が激しい岩盤の亀裂の状況や、地下水の複雑な動きなどについてわかっていないことの方が圧倒的に多く、地層処分をすることは極めて危険だという指摘もあるのだ。

実際に、経済産業省は２０１３年９月、高レベルの地層処分について従来は明示していなかった回収できる可能性を残す案をまとめた。理由は、科学技術の進展によって量を減らすことが可能となったり、処分政策が変わったりする可能性があるためということになっている。

だが、こうした案が出てきた背景には、日本学術会議が2012年9月、高レベルについて総量規制をした上で、数十年から数百年の間暫定的に保管をするべきであるという提言をまとめ、原子力安全委員会に提出したことなどがあった。

日本学術会議は、現在進行中の地層処分という方針を白紙に戻し、抜本的な見直しを求めたのである。

その中で日本学術会議は、日本列島は地震や火山活動が活発で、万年単位で安定した地層を見つけるのは不確実性やリスクがあることを指摘し、現在の科学的知識や技術能力では対応に限界があるとした。

そこで、廃棄物の全体の総量を示した上で、いつでも廃棄物を取り出せる施設を作り、数十~数百年を目安に一時的に保管することを提言したのであった。

地層処分という国の方針が、今後も堅持されるのかどうかが、極めて不透明になってきている。

決まらない最終処分地

一方、地層処分の実施主体として設立されたＮＵＭＯは、２００２年から処分場候補地の公募を開始した。しかし、実際に処分場の候補地に手を挙げたのは07年の高知県東洋町のみであった。その東洋町も後に立候補を撤回し、現在に至るまで候補地の目処は立っていない。

地層処分のための研究所がある北海道幌延町と岐阜県瑞浪市《みずなみし》、そして高レベル放射性廃棄物貯蔵管理センターで返還高レベルを、再処理工場で使用済み核燃料を受け入れている青森県六ヶ所村は、このままなし崩し的に最終処分地とされてしまうのではないかという危機感を強めている。

国は１９９６年の『原子力白書』で、高レベルの処理・処分にあたって〈私たち国民一人一人が自らの問題として高レベル放射性廃棄物処分をとらえ、開かれた議論に基づく国民的合意を形成していくことが重要である〉と訴えており、その後も〈開かれた議論〉を強調し続けているが、六ヶ所村などの現地をのぞけば、高レベルに対する人々の関心は決して高いとは言えない状況だ。

ＮＵＭＯも処分場についての理解を求めるため、広報活動に力を入れてきた。例えば、新聞に「問題・原子力発電から出た放射性廃棄物をどうするか」として「①ロケットで、

宇宙に飛ばす ②南極の氷の下に埋める ③深い地中に埋める ④数万年間、人が地上で管理する」という選択肢を示し、「今、考えられる最も安全な方法は③」と回答するような全面広告を掲載したり、テレビでは赤ん坊連れの若い夫婦に新聞広告と同じ問いかけをし、妻が「私は……わからないですね」、夫が「埋めて処理したりするんですよね」と答えた後、地層処分のイメージ図が示され、ナレーションで「地層処分を安全に行っていくこと。それが私たちＮＵＭＯの責任です」と締めくくるようなＣＭを流すなどしている。しかし、その成果は今のところ見られておらず、処分場の候補地として名乗りを上げる自治体や地域も出てきていない。

最終処分地の選定が難航することを象徴するような出来事が、２０１３年11月にあった。経済産業省が、高レベルの処分事業を宣伝するために作った車を、ＮＵＭＯに売却することを決めたのだ。

「高レベル放射性廃棄物地層処分模型展示車」と呼ばれる車は8トントラックを改造したもので、側面から展示スペースが張り出すような構造になっており、放射性廃棄物や処分場の模型が積んである。02年度に９８００万円をかけて製造し、さらに12年度までの10年間に運営費や改造費で計２億９７００万円を費やしてきた。

原発広報事業の一環でとして、利用者が支払う電気料金がもとになるエネルギー対策特別会計で費用が賄われている。

しかし、車の派遣先は原発立地自治体などが中心で、実働は10年間でわずか１９９日しかなかったのだ。経済産業省は「一定の役割を終えたため」と説明し、「地層処分問題への国民理解の醸成にある程度の貢献をしており、成果がなかったわけではない」とするが、売却の理由は成果が上がらなかったことにあるのは、稼働状況からも明らかだ。

地層処分という方針そのものが揺らぐ中、「史上最悪のゴミ」の最終処分地を引き受ける自治体や地域が、今後出てくるのであろうか。その見通しは暗い。だが、これまで原発を稼働し続けてきた結果、高レベルが既にたまってしまっていることは厳然たる事実であり、その処分を避けて通ることはできない。いずれは国内のどこかが引き受けなければ（現在保管されている場所から動かさないという選択肢も含む）、問題の解決はないのである。

そのような中、２０１０年9月にアメリカのエネルギー省とモンゴル政府が、ウラン産出国でもあるモンゴルに核廃棄物処分場を建設する構想について協議を始め、11年2月には日本も参加、その後にアラブ首長国連邦（ＵＡＥ）も加わって秘密裏に交渉が続いていたことが毎日新聞のスクープで明らかになった。計画が明るみに出た後、モンゴル国内で反対の声が高まったため、9月には計画が一応撤回されたが、国際協調の名のもとに高レベルを国外で処分するという選択肢が加わってきたのだ。

このような状況で原発の運転を続け、高レベルを生みだし続けることは、国内外の人々の犠牲を強いながら子孫にツケを回していくに等しいとは言えないだろうか。

福島第一原発事故によって、すべての原発が停止している今こそ、人々が放射性廃棄物の問題と向き合った上で、原発稼働の是非を検討することが求められている。

4-3 廃炉ビジネス

避けて通れない課題

原発を運転し続けるにせよ、止めるにせよ、必ずクリアしなければならない問題の一つが原発の廃炉である。

廃炉を実施する場合、建屋の解体まですべての作業を終えるには20〜30年、そして費用は原子炉の規模などにもよるが概算で1基あたり800億円とされている。廃炉は建設した電力会社の責任であるため、電力会社はそのための費用を40年かけて積み立てている。

日本においては廃炉を最終段階まで終わらせた経験は茨城県東海村にあった小型の動力試験炉（JPDR・出力は1万2500キロワット）しかない。しかも二十数年前のことであり、技術的な経験は非常に乏しく、技術開発をしながら進めていかねばならないというのが実情だ。

日本で廃炉作業中の商業用原発は、日本原子力発電の東海原発と中部電力浜岡原発1、2号機の3つであるが、廃炉に至った理由はそれぞれ異なっている。日本で初めて商業用原発として稼働した東海原発の場合は、炉型が古く経済性も極めて低くなったことが第一の理由である。

コールダーホール型というイギリスの技術を輸入した黒鉛炉で、冷却材に炭酸ガスを使っていることから出力の割に巨大な設備が必要となるだけでなく、国内に同型の原子炉がないために設備や部品の維持に莫大なコストがかかるという判断が廃炉を促すことになった。

浜岡原発1、2号機については、耐震性を高める必要に迫られ大幅な改修を検討したところ、やはり莫大なコストがかかるため、新規の炉に建て替えた方が効率的だという判断がなされたと言われる。そのため、1、2号機の出力を合わせた6号機が計画されたのであった（福島第一原発事故後に凍結されている）。

東海原発は1998年に営業運転を終了してから15年が経過したが、現段階では原子炉から使用済み核燃料を取り出し、建屋からの搬出を終え、発電機や核燃料取替機などの周辺機器の解体までは進んでいる。

浜岡原発1、2号機は2010年に廃炉を決め、使用済み核燃料を取り出して冷却が進んだものから4、5号機のプールに搬出する作業や、放射能に汚染された主蒸気管（原子炉から発電機のタービンに蒸気を送る配管）などの除染作業が進められている。

廃炉作業が簡単に進められないのは、配管などが放射能に汚染され、原子炉の中枢部にあたる圧力容器は強い中性子にさらされ続けた結果、それ自体が放射線を出す別の物質に変化してしまっているからである。まず、どの程度の放射能汚染があるかを調査し、除染を行い、圧力容器については線量が低くなり電力会社が言うところの「安全貯蔵期間」になるまで待つ必要があるからだ。

浜岡原発の1、2号機は東海原発よりかなり大きい。しかも廃炉になる原子炉と運転を続ける予定の原子炉が、同じ敷地にあり、これも国内で初めてのケースとなる。

さらに、福島第一原発事故の結果、事故を起こした1号機から4号機の廃炉も決まった。通常の営業運転を終えた原発に加えて、事故炉、しかもそれぞれに事情の異なった（実際にどのような状態になっているのかも確認されていない）原子炉の廃炉に東電は取り組まなければならない。老朽化した原発の寿命も迫っており、今後は原発を保有するすべての電力会社が廃炉に直面することになる。

廃炉作業の問題点

国や電力会社が明らかにしている資料などをもとに、廃炉までの流れを簡単にみてみると、次のようになる。

①運転を停止した原発から使用済み核燃料を搬出する。	⇧浜岡原発2号機がこの段階にある。
②原子炉の設備や配管などに残る放射性物質をできるだけ除染する系統除染作業を行う。	⇧浜岡原発1号機がこの段階にある。
③施設を適切な期間にわたって安全管理をし、放射能の減衰を待つ安全貯蔵を行う。	
④建物内部の解体と除去を行う。原子炉の周辺から始め、最後に原子炉を解体・除去して放射性物質を除染する。	⇧東海原発と、商業用原発ではないが、日本原子力研究開発機構所有の新型転換炉「ふげん」(福井県敦賀市)がこの段階にある。
⑤通常のビルなどと同様に、建物自体の解体と撤去を行う。	ここまで実施しているのは、日本ではJPDRのみである。

もちろん、廃炉は日本だけではなく世界各国で実施されており、準備中や解体中、完了した主な国の廃炉は、原子力バックエンド推進センター（ＲＡＮＤＥＣ）のまとめによると、アメリカで35基、イギリスで29基、ドイツで27基、フランスで12基（２０１３年10月現在）となっている。

完了した実績があるとはいえ、廃炉技術は必ずしも完成したものとは言えず、世界各国でも試行錯誤が続いている。

それだけではない。廃炉については技術だけではなく、処分場や使用済み核燃料の処理などを同時並行的に進めていかなければならないのだ。そして、廃炉においても放射性廃棄物の処理・処分が重い課題としてのしかかっている。

一般的な原発（１１０万キロワット級）を廃炉にした場合、旧原子力安全・保安院の試算では53万トンの廃棄物が出るとされる。そのうち93％は放射性ではない廃棄物で、それ以外はいわゆる放射性廃棄物となる。この試算が正しいとしても、計算上は３万７０００トンの放射性廃棄物が生み出されるわけで、その量は決して少なくはない。

その対策として、国は２００５年に原子炉等規制法の改正を行い、クリアランス制度を導入した。国からの委託を受け、高度情報科学技術研究機構が運営する原子力百科事典ＡＴＯＭＩＣＡ（アトミカ）によると、クリアランス制度とは

〈原子炉施設の廃止措置等に伴い発生する廃棄物には、明らかに放射性物質ではないものと、放射性物質を含むものとがある。この放射性物質を含むものの中には、放射性物質の放射能濃度が極めて低く人の健康への影響が無視できることから、放射性物質として扱う必要のないもの（クリアランス物質）がある。これを選別する基準を「クリアランスレベル」といい、このレベル以下であることが確認（クリアランスレベル検認制度）されたものを普通の廃棄物として再生利用、または処分できるようにする制度をクリアランス制度という。総合資源エネルギー調査会 原子力安全・保安部会の廃棄物安全小委員会は平成16年12月、このクリアランスレベルに、推定年線量が10マイクロシーベルト以下になるよう定めた国際原子力機関（ＩＡＥＡ）の安全指針を適用することを決めた〉

となっている。要するに、従来は放射性廃棄物として厳しい管理が必要であったものでも、一定レベル以下であれば一般の廃棄物として扱うことができるようにしたのだ。

もちろん、金属などは再利用が可能とされている。関電の２００９年４月のプレスリリースには以下のような記述がある。

〈当社は本日、廃止措置中の日本原子力発電株式会社東海発電所から発生した廃材を用いたリサイクルベンチ（１脚）を、原子力事業本部（福井県三方郡美浜町）１階ロビーに設置しました。クリアランス制度を適用して作られたリサイクルベンチの設置は、当社として初めてで、福井県内でも2カ所目となります。当ベンチ（金属部分）は、平成17年に制度化された「クリアランス制度」に基づき、日本原子力発電株式会社が東海発電所の廃止措置を進める中で選別・回収した材料を用い、一般のベンチ製作会社で再加工されたものです。（中略）一般的に原子力発電所の解体（廃止措置）の際には、クリアランスレベルの廃材が全体の約5％、一般廃材（放射性物質を含まない廃材）が同約93％発生すると試算されており、循環型社会の一層の進展に向け、これら廃材をリサイクルするシステムの構築が期待されています。当社では、今後とも制度の定着に向け、クリアランス金属再利用の理解促進を図ってまいります〉

クリアランス制度によって、放射性廃棄物のかなりの部分を処理・処分（場合によっては再利用）することが可能になったとはいえ、全体の2％（110万キロワット級の場合なら約1万トン）は放射性廃棄物としての処理・処分が必要となってくる。使用済み核燃料の処理・処分を含め、それらの行き場を確保しない限り廃炉作業は進まないのである。

ビジネスとしての可能性

一方、福島第一原発の廃炉作業をめぐり、「原発先進国」である欧米の原子力関連企業から「海外企業などは蚊帳の外だ」という批判の声が上がっている。

国や東電は福島第一原発の廃炉作業については「国内外の英知を結集する」と宣言しているが、実際にどのようなプロセスで海外の協力を得るのかは不透明なままだ。

廃炉作業の経験を持つ企業の一つに、アメリカの大手ショーグループがある。同社は１９７９年のスリーマイル原発事故、86年のチェルノブイリ原発事故で除染や廃炉作業を支援し、アメリカ国内では商業用原子炉８基の廃炉作業を手がけているが、今のところ福島第一原発の廃炉作業において出番はない。

福島第一原発の廃炉作業では、設計や建設に携わった日立製作所と東芝が、政府と東電から委託される形で現在は陣頭指揮をとっている。だが、現場では原子炉の冷温停止状態を維持するために増え続ける汚染水への対応が手一杯で、水素爆発した原子炉建屋は損傷したままである。

福島第一原発事故後に批判が集中した日本の「原子力ムラ」は未だに健在で、今後多くの需要が見込まれる廃炉の技術開発についても独占しようとしているかのようである。

先述したように、廃炉にかかる年数は長期間で、政府の第三者委員会が過去の原発事故を参考にした試算した廃炉費用は１兆１５００億円にのぼり、作業が長引いた場合に費用はさらに膨らむ可能性もある。日本においては、これからの廃炉作業は立派なビジネスになり得るからだ。

事実、東海原発の廃炉作業を進める日本原子力発電は、その経験をもとに他の電力会社に技術やノウハウを提供する構想を持っており、新規事業の柱とする意向である。そのために、日本原子力発電は廃炉作業について「自営化」の方針を打ち出し、社員自らが作業を手がけることで効率的な解体や廃棄物の容量を減らす方法などを蓄積している。それによって、他の電力会社に対しては廃炉に関する行政手続き、解体計画の策定、放射線レベルの調査などを提供することで手数料を得る事業モデルを描く。

もともと日本原子力発電の社員のほとんどは原発の運転員で、放射線管理の専門家であるが工学的な作業は素人同然だ。そこで、特別な研修を受けて全員が溶接士の資格や電気工事などの資格を取得し、実際の作業を自前で行っている。

日本原子力発電は国内で最も長い原発運転経験を持っているが、今後はその後始末である廃炉作業においてビジネスの先頭を行こうとしているわけだ。中部電力も同様の構想を持っており、この2社が他の電力会社を大きく引き離していくことになるだろう。

原発先進国である欧米では、廃炉技術のノウハウの蓄積のみならず、実際に「ビジネス化」が現実のものとなっている。

フランスでは、福島第一原発事故における汚染水処理で機器を提供したアレバ社が、自国以外の国々も含めて廃炉作業に関わってきた経験を活かして、廃炉ビジネスを展開していくことを目指している。アレバ社は、廃炉作業を実際に進めながら作業用のロボットの開発などに加え、作業員訓練用のシミュレーターの開発なども手がけている。現在、世界に400基余りある稼働中の原発が、今後次々と廃炉を迎えることをビジネスチャンスととらえて準備を進めているのだ。

ドイツは、チェルノブイリ事故後に反原発の世論が広がり、古い原発や収益性の悪い原発の廃炉に次々と踏み切り、ヨーロッパで廃炉の先頭を走ってきたことにより、原発を効率よく安全に解体・撤去するノウハウが蓄積されている。後述するように、脱原発政策によって今後は廃炉がますます広がることで、電力会社はさらに技術を磨いていくことになるだろう。また、電力最大手のエーオンが所有するビュルガッセン原発（67万キロワット）は2014年に廃炉作業を終える予定だが、13年6月、廃炉ビジネス部門を設けた。これまでの経験で培った工程や作業管理のノウハウを、世界のマーケットに売り込んでいく方針だ。

また、ノルウェーのエネルギー技術研究所（以下、IFE）は、廃炉の現場をバーチャルリアリティー（以下、VR）で再現する最新システムを開発した。廃炉作業の手順を確かめたり、危険性をあらかじめ調べたりするのに使われる。

開発のきっかけは日本との技術協力であった。新型転換原型炉「ふげん」の廃炉シミュレーション作成を依頼され、1999年にVR技術を初めて手がけたという。「ふげん」を運用する核燃料サイクル開発機構（当時）が、協力関係にあったノルウェーのIFEにシステムの開発を持ち掛けたのだった。そして開発されたのが「VRdose」というシステムで、パソコンの画面にコンピューター・グラフィックスで廃炉の現場を再現し、その中を作業員に見立てた人形を行き来させると、被曝線量がわかるという仕組みである。さまざまな動きをさせることで、その時々の被曝線量を比べることもできる。

開発当時は、世界でも例のない試みとして注目された。この技術を応用してIFEは、各種のシミュレーション技術を生み出している。IFEもまた、廃炉が大きな規模のビジネスに発展すると見越して、活動の幅を広げようとしている。

このように、国内外で廃炉はビジネスチャンスとして注目が高まっている。

それに対して関電は、自社所有の原発が老朽化していることに加え、美浜原発事故など廃炉に着手する機会がこれまでに多々あったにもかかわらず、今のところ関電は原発を延命していく方針で、廃炉作業に着手するのはさらに先の話となっている。場合によっては、いわゆる「廃炉ビジネス」に参入する機会を逸するばかりか、国内外の他社から技術やノウハウの提供を受けるのみとなり、廃炉費用がさらにかさむことになりかねないのだ。

4-4 ドイツの脱原発政策

メルケル首相の決断

２０１１年３月に発生した東京電力福島第一原発事故は、ドイツでも大きな衝撃を持って受け止められた。そして、メルケル首相の決断は早かった。

その前年の秋に打ち出していた原発操業期間の延長方針を凍結するとともに、ドイツ国内で稼働していた17基の原発のうち古い７基の運転を当面３カ月間停止すると宣言した。

さらに、国内すべての原発の包括的な安全点検を「原子炉安全委員会」にゆだねる一方、宗教界を含む各界の専門家からなる「倫理委員会」を設立し、今後のエネルギー政策のあり方を諮問した。

両委員会からの答申が出そろったのは5月末。メルケル政権は、その内容に基づいて「脱原発関連法案」を作成し、連邦議会の審議に付した。

政府案の審議は6月9日の連邦議会下院本会議で幕を開け、演説に立ったメルケル首相はこう演説している。

「あの恐るべき3月11日から90日を経た今日、私たちが知るのは、福島第一原発の原子炉3基が炉心溶融を起こしているということです。今もなお放射性物質を含む水蒸気が大気中に立ち上がっています。広範囲の避難区域は今後も長期にわたって据え置かれるでしょう。事態の収束はまだ考えられません。

日本に起こったこの劇的な出来事は、疑うべくもなく世界にとっての重大事です。それはまた私個人にとっても一大事でした。悲惨な状況の更なる悪化を防ぐために、海水で電子炉を冷やす福島での絶望的な試みの映像を一度でも見た人は認めるでしょう。日本のようなハイテク国においてすら、原子力のリスクを安全に制御できないということを見落としてはならない、と。

それを知った者は必要な責任を取らなければなりません。それを知った者は新たな認識に立たなければなりません。それゆえ、私は認識を新たにしたことを私自身のために言明します。核エネルギーの残存リスクを容認できるのは、それが起こらないという人間の判断に確信を持てる人に限られます。しかし、それはいったん起きると、空間的にも時間的にも、他のいかなるエネルギー源のリスクをも遥かに凌ぐ甚大かつ壊滅的な結果を招きます。フクシマ以前、私は核エネルギーの残存リスクを容認していました。なぜなら、安全基準の高い技術立国ではそれは起こらないという人間の判断に確信を持っていたからです。ところが、今それが起こりました。

問題はここにあります。日本に発生したような巨大地震や破壊的な津波がドイツでも起きるかどうかが問題なのではありません。同様のことが生じないのは誰もが知っています。フクシマが教えるのは別の点です。問題なのはリスク許容の信頼性と確率分析の信頼性です。これらの分析に基づいて政治的決断はなされなければなりません。その決断とは、信頼性があり、コストが合い、環境に適合し、確実性のあるエネルギー供給体制をドイツに敷くための決断です。そのために、私は今日はっきりと申し上げます。私は昨秋、われわれの総合エネルギー構想の枠内に、ドイツの原子力発電所の操業期間の延長を組み入れました。しかし、フクシマによってその考えが変わったことを、私は本日この国会の場で明言します」

（藤澤一夫訳　ＮＰＯ法人環境文明21会報「環境と文明」２０１１年８月号より）

ドイツは脱原発をいつまでに達成するのか。脱原発と地球温暖化防止対策は両立するのか――。

脱原発の工程表に関する部分を要約すると、次のようになる。

①原子力法を改定し、２０２２年までにドイツにおける原発を終了する。

②停止中の７基の原発とクリュンメル原発（07年６月に原発内の変電施設で火災事故が発生）の計８基はそのまま閉鎖し、今後も送電系統に接続しない（ただし、１基はブラッ

クアウト防止のため、万一に備えて２０１３年まで保留する）。
③その他の９基の原発は、２０１５年、17年、19年に各１基を、21年までに次の３基を、22年までに最後の３基をそれぞれ送電系統から外す。
④使用済み核燃料については、今年末までに新たな最終処分場規則法を作成し、未解決の放射性廃棄物の処分問題にメドをつける。
さらに、再生可能エネルギーと温暖化対策に関しては以下の通り。
①２０５０年までに、再生可能エネルギーのエネルギー消費に対する割合を60％に、電力消費に対する割合を80％に引き上げる。
②温室効果ガス排出量を２０２０年までに１９９０年比40％、50年までに80％削減する。
③一次エネルギー消費を２０５０年までに08年比で50％削減する。
④建物の省エネ改装を促進し、電力消費を２０２０年までに10％下げる。

政府が提出した脱原発関連法案は下院、上院とも圧倒的多数で可決した。

フクシマ前は推進

もともとドイツは脱原発の機運が高かった。１９８６年に旧ソ連で起きたチェルノブイリ原発事故で放射性物質がヨーロッパ全土に降り注ぎ、ドイツでも牛乳が汚染されて飲めなくなったり、子どもが砂場などで遊べなくなったりしたからだ。

「脱原発法」が成立したのは２００２年、中道左派と言われるドイツ社会民主党が緑の党と連立を組んだシュレーダー政権のとき。稼動中の原発を運転開始から一定の期間が経過する22年までに全廃するという内容で、まず２基の原発が閉鎖された。

その方針を先送りしたのがメルケル首相だった。中道右派のドイツキリスト教民主同盟の党首として２期目を目指した09年の総選挙で、産業界の意向を受けたメルケル党首は原発の稼働延長を主張して勝利を収める。保守系の自由民主党と連立を組んだメルケル首相は、10年には既存の原発の操業延長を決める法律を制定した。

これに対して国民からは反対の声が上がる。各地で脱原発を求める大規模なデモが起こり、緑の党が地方議会で議席数を伸ばした。そこに飛び込んできたのが、福島第一原発事故の一報だった。

それにしても、なぜ、メルケル首相は福島第一原発事故のあと、即座に脱原発宣言を出せたのか。

20年近くドイツで暮らし、反原発運動をつぶさに見てきた元ドイツ和光純薬社長で、奈良日独協会会員でもある藤澤一夫は「国民の厳しい目があった」と指摘する。

チェルノブイリ原発事故の翌87年8月、ライン川沿いのコブレンツにあるミュルハイム・ケアリッヒ原発が操業を始めた。ところが、付近に活断層があるとの理由で地元の反対派住民が起こした運転差し止め訴訟によって、わずか1年の運転で操業停止に追い込まれている。

再生可能エネルギー

脱原発を決めたドイツは、再生可能エネルギーの普及に力を注いでいる。

2014年1月15日付朝日新聞が報じたように、連邦エネルギー水道事業連合会（BDEW）のデータによれば、昨年のドイツの総発電量に占める再生可能エネルギーの割合は23・4%。これを50年までに80%に引き上げるという。再生可能エネルギーに頼る脱原発政策は成功するのか。

「太陽光発電などによってできる電力を固定価格で送電会社が買い取る『固定価格全量買い取り制度』（FIT）がドイツでは有効に作用しており、再生可能エネルギーの普及も順調に進んでいます。大事なことは、水力、風力、バイオマス、太陽光、地熱など、あらゆる再生可能エネルギーを総動員すること。単独ではドイツの総電力量600テラワット時を賄うことはできない。それらを総動員した再生可能エネルギーのポテンシャルは

７８０テラワット時とドイツの総電力量を遥かに凌ぐ値となります」と藤澤は説明する。12年のドイツにおける太陽光による発電量は総発電量の４・５％にあたる２８０億キロワット時。植物などを発酵させて出たガスを利用して発電するバイオマスによる発電量も伸びている。小規模でもできるため、11年にドイツ全土で７２００の施設が稼働しているという。

また、稼働中の発電用風車の大半は陸上にあり、約２万３０００基を数える。しかし、原発に代わる電力源を補うために現在、バルト海や北海沖に１基あたりの出力５メガワットクラスの大型風力発電装置による大規模ウインドパークを次々に建設中である。

世界風力エネルギー協会（ＧＷＥＣ）のデータによれば、ドイツが12年の１年間に新設した風力発電設置容量は２４３９メガワットで、日本（88メガワット）の約24倍である。ちなみに、中国やアメリカの同時期の増設容量はそれぞれ１万３２００メガワットと１３１２メガワットであるから、日本の１３０倍にも達する。

再生可能エネルギーが普及すると、経済効果はどのようになるか。藤澤は「設備への投資額は、12年で２兆５０００億円、関連事業での雇用者数は38万人となっている」と説明する。

もちろん、課題もある。

「風力発電では騒音、バイオマスでは農作物との資源の奪い合いも起きています。しかし、ドイツ政府は、わかりやすい行動計画を立て、数字をはっきりと示し、課題を明確にしたモニタリングレポートを出している。そこからは、課題を一つずつ克服して、再生可能エネルギーを普及させようと努力している姿が見て取れる」

一方で、ドイツのエネルギーの専門家は「日本は再生可能エネルギーの宝庫」だという。にもかかわらず、日本では再生可能エネルギーは進んでいない。なぜか。

藤澤は「発電会社と送電会社がはっきり分けられていないこと。この点が日本とドイツで決定的に違います」と指摘し、こう説明する。

「ドイツでは、送電会社には公平さが義務付けられ、『連邦ネット規制庁』という役所で厳しい監視の下に置かれることになりました。その結果、電力が自由に売買される市場が形成され、競争の原理が作用して、ドイツの電気料金は安くなったのです」

ドイツの電気料金は、発送電費、消費税、配電免許料、環境税、再生可能エネルギー法賦課金から構成されているが、ほとんどが税金だという。

賦課金は、電気料金が高くなる原因と言われるが、発送電費との合計は日本の電気料金とほとんど変わらない。むしろ発送電費だけを見れば、日本よりも安い。ドイツのインターネットには電気料金を比較できるサイトがあり、ここには電気料金だけでなく、電力の構成も掲載されている。電気が１００％再生可能エネルギーで作られているか、その電気を使うことでどれだけ放射性廃棄物が出るか、などが載っている。食品のラベルのように電気の質も理解することができる。

では、電力自由化とはどのようなものか。ドイツのインターネットには電力料金を比較して見ることができるサイトがあり、電力会社を選ぶことができる。

料金プランには、「○％が石油、○％が天然ガス、○％が原発」といったエネルギー源の内訳やキロワットあたりの温室効果ガス排出量が示されている。ひまわりマークは１００％再生可能エネルギーで電力を作っていることを表しており、この電力を使うことによってどれだけの放射性廃棄物やＣＯ２が発生するか、まで比較できるようになっている。電気料金の請求書にこのような情報を表示することがドイツでは義務付けられている。

電力料金もこのサイトで見ると、２０１２年で最も安い料金は、１キロワット時あたり11・31セントで、日本は17・18セントで、ドイツでは、52番目の安さとなっている。

藤澤はこう訴える。

「発送電分離と電力の自由化は日本のエネルギー戦略にとって最も重要な課題の一つであり、再生可能エネルギーは電力の新規参入を促すためにも欠かせません」

座談会

「原発」を語り合う

山本 浩之
（フリーアナウンサー）

矢野 宏
（「新聞うずみ火」編集長）

高橋 宏
（「新聞うずみ火」編集委員）

内山 正之
（西日本出版社）

●その日、それぞれの震災報道が始まった

内山　「新聞うずみ火」の読者であり元関西テレビアナウンサー、現在はフリーで活躍されている山本浩之さんをお迎えして、原発や関西電力について語り合いたいと思います。

山本　その前に、本義にかかってくる問題だと思いますが、やはり東京電力福島第一原発の事故を受けての今だと思うので、僕が今もコンタクトをとっている福島の、直接そういう状況に置かれている人たちの声から話したいのですが。「うずみ火」でも取材されていますけれど。

内山　そうですね。少し話をさかのぼりましょうか。

２０１１年3月11日午後2時46分でした。東日本大震災が発生したとき、山本さんは夕方4時48分から始まる「スーパーニュースアンカー」を担当されていましたね。

山本　あの日は金曜日でしたね。本番の2時間ほど前でしょうか。最終打ち合わせの前で6階のメイクルームにいました。そこで揺れに気づいたんです。

内山　なんか変な揺れ方でした。僕は京都で打ち合わせをしていたんですが、「いつもの地震と違うな」とすぐ思いました。

高橋　私は恥ずかしいことに揺れに気付かなかったんです。大学の事務室に戻ったら職員

がみな「先生、ご実家、大丈夫ですか?」って。私が埼玉出身ということを知っているので。それで慌ててニュースを観て唖然としました。

山本　大地震だとわかって番組で準備していたものは全部ふっ飛びますし、これから何日番組がお休みになるかわからないという状況になりましたよね。

　阪神・淡路大震災のときと違って、今回は被災地エリア外で、とにかく地震、津波と原子力災害関係は、新聞のスクラップとかネット情報とかで収集しようと、その日に決めました。

高橋　すぐに現場に入られたのですか?

山本　そうしたいのは山々でしたが、メディアが行き過ぎると、被災地の局がパンクしてしまうのは関テレにいてわかっていたので、すぐには行きませんでした。だから当初は視聴者とまったく同じ状況でした。

矢野　そこからこだわって震災報道を続けましたね。

山本　そうですね。1995年の阪神・淡路大震災のとき、自分たちは1月17日から本当に寝食忘れてやったつもりでした。けれど、被災地にとって、あるいは映像や情報を受け取る人たちにとって、本当に有益なものだったのかな、という反省の方が大きかったんです。

今回は被災地から1000キロ離れていますけれど、10年、20年で終わる仕事ではないので、どう関わって、どう伝えて、どうすれば被災地の人たちの復興につながるのか。また、原子力災害なら日本のエネルギー問題に直結してますから、日本全体の問題でもあるわけです。これらにどう関わっていけるのか、そこから東日本大震災の報道が始まりました。

高橋　編集長（矢野）はいち早く被災地に入りましたよね。

矢野　地震発生から10日後に被災地へ飛びました。唯一入ることができた空港が福島空港だったので、空路・福島に入り、タクシーでいわき市に向かったんです。

私も山本さんと一緒で、震災報道の原点にあるのが19年前の阪神・淡路大震災なんですね。僕自身も尼崎市で地震に遭い、一時は避難所の体育館に寝泊まりして神戸に自転車で向かい、取材を続けました。

被災地では震災直後、「命があって良かったなあ、お互いがんばろうな」という声が方々で聞かれました。それが3年、4年と経っていくと「なんであの時に死ななかったんやろ」という声に変わったんです。つまり、自分の足で立ち上がれる人はどんどん生活を再建していける。一方で、取り残されていく人たちがどうしても出てくるわけです。せっかく助かったのに、生活再建から取り残された人たちからそんな悲しい声を聞いたので、

「東日本大震災では、もう二度と繰り返させてはいけない」と思いました。何ができるのかと言ったら、現地に入って「声なき声」に耳を傾けて発信していくこと。まずは、それをやるしかないと思いました。それから1年間はずっと被災地の声を、毎月一回発行している「新聞うずみ火」の1面で紹介し続けました。

●阪神・淡路大震災との違いを実感する

内山　いわき市に行ったのは何か理由があるんですか？

矢野　どうしても「忘れられた被災地」が出てきます。阪神・淡路大震災のときの尼崎市がそうでした。

実は、尼崎では49人の方が亡くなられて、4万軒が全半壊しているんです。でも、ほとんど報道されなかった。テレビや新聞は神戸市や西宮市のことばかり。尼崎市は忘れられた被災地だったんです。でも、そこで何が起きたかというと、最初の自殺者が出たのも尼崎でしたし、復興住宅から飛び降りた人が出たのも尼崎だったんです。

つまり、尼崎は「明日の神戸」や「明日の西宮」だったわけです。

内山　確かに尼崎の報道は少なかったですね。

矢野　東日本大震災でも当初、福島県に関する報道と言えば原発報道ばかりでした。実は、津波の被害もすごかったんです。いわき市に入って海岸を歩きながら被災者の声を拾って、震災後最初となる「新聞うずみ火」（２０１１年3月号）を出しました。

山本　それで言うと、震災直後は報道機関も20キロの警戒区域内は自由に取材できませんでしたし、各社、いろいろな内規もあって入れない記者が多かったと思います。テレビも大手新聞も津波の被害状況を把握していなかったというのが一因ではないでしょうか。

矢野　いわき市の海岸沿いでは、軒並み家が波でえぐり取られたような状態でした。その被災地では再び津波に遭う可能性もあるから、その土地に家を建てられないわけです。

さらに、福島第一原発の放射線被害もあります。阪神・淡路大震災の場合はそこに建てることができた。その違いは「津波に遭った場所に住むことはもうできない」ということです。ますます取り残される人たちが出て来るだろうなと思いました。

山本さんが初めて現地に入られたのは、4月ごろでしたね。

山本　そうです。週末を利用して2泊3日で行ったのが最初ですね。その当時、関西広域連合が大阪は岩手、兵庫は宮城と対向支援をやっていました。そんなうまく行くわけがないと思ってたんですけれど、それもあってまずは岩手に行こうと思ったんです。

それに関西テレビの応援が岩手に入っていて、生中継のインタビューで私も被災者の方と少し交流ができていた。その方たちに連絡をとって会いに行きました。「とにかく沿岸部を全部見てほしい」と言われて、被災者の方の車の後部座席に座らせてもらって、久慈市から陸前高田市まで回りました。歴史的背景とかエピソードを伺って、資料としてすごく充実した取材になりましたね。

岩手は日本で2番目に広いんです。行っても行っても、まだ陸前高田まで90キロなんて標示で「え、ほんまか?」というほど長い距離を走りましたが、どこまでいっても同じ光景でした。

一カ所だけ、普代村というところが無傷でした。それは昭和三陸津波や明治三陸津波の教訓から、防潮堤と水門をきちんと作っていたというのが理由ですけれど、そこ以外は全部軒並み被害を受けていたんで、「これ、夢じゃなくて、本当の現実なんだ」と。

映像を見て知ってましたけれど、こんな長い距離を無茶苦茶にされるんだと実感した取材になりました。

内山　映像で見ているだけとは、やっぱり違うんですね。

山本　全然違いました。カメラマンがカメラの限界を感じて「360度全部この光景ですけれど、カメラでどうやって見せましょう」って。山に上がったら一望する市街地が全部、火災で焼け焦げてたんです。津波が来たのに、至る所で火事になっていた。たぶん戦争ってこんな状況なのかなというくらい、焼け焦げてほんま真っ黒で、なんにもなくて、そして、あの規模の大きさですよね。

取材を続けるうちにより一層「被災地以外の人たちがどれだけ本気になるかに尽きる」と思いました。

震災から1年後の2月の11日、1カ月間に及ぶ取材のために東北に入ったんですが、その前日、10日の金曜日に復興庁がやっと発足するんです。つまり11カ月かかってるんですよね。阪神・淡路大震災と比べて、相当遅れを取ったわけですが、もし被災地に行ってなかったら、神戸港が10年で復興宣言を出したように、そんな段取りで復興するのかなと思ってたと思います。

あの現場を目の当たりにしたらですね、これは国をあげてというか、やっぱり国民がもっと関わって行かないといけないんじゃないかと思いました。大げさかもしれませんが、「どうやって東日本大震災を全国の、関西の人たちにコミットさせていくか」ということを、これからも仕事の一部として考え続けなあかんと思っています。

内山　福島は今も原発被害ばかりで津波の報道はあまりないですよね。

山本　現場に行くと、復興が一番遅れているのが福島です。2年半経っても車も船もひっくり返った状態ですから。

高橋　仮想の世界だった「原発震災」、つまり地震と津波の被害に、原発の事故が加わるとどうなるか、それが現実になってしまったのが福島ですからね。

　私はお２人と違って２年後の去年に初めて浪江町に入ったんですけれど、恐らく直後に見られた光景と同じものを私も見たと思います。

矢野　時間が止まってますもんね。

山本　特に駅や商店がある所はそのままで、一種異様な映画でも見てるのと違うかなという感覚になりますね。

内山　僕は現地に行ってなくて報道で見聞きしているだけなんで。みなさんのお話を聞くと、全然わかってなかったなと思います。

●震災報道、発信する側と受け取る側

高橋　原発報道って構造的に原発を進めている国や電力会社が圧倒的情報量を持っていて、東京電力や国の発表を聞いて彼らの指示に従った制限のある中で取材をしなきゃいけない。

内山　そういう意味で言うと、福島の原発事故の前とあとで、報道がフリーハンドになっていると言えると思うんですね。それまでは、東電さんに気を遣わないと、というのがメ

ディア側に明らかにありましたよね。

山本　確かに民放はスポンサーがあるのでマスコミはこぞって、原発は推進、もしくは容認というスタンスでしたね。でも、対関西電力という点では、原発事故以来、なくなってますね。

内山　今回この本を作った背景でもありますが、確かに東電関連は報道しやすくなってると思うんです。あるいは日本全体で原発を考える場合とか。でも地方原発はどうなのかな？っていうのがあって、この間出張で島根に行きましたが、島根原発が再稼働で、なんとなく喜ばしい報道に感じるんですよね。

山本　確かに新聞の特集を見ていてもそんな気はしますね。

内山　福島以降、出版界でも原発関連の出版が増えて、東電の本は出してもいい、という空気を感じるんですよね。でも、出版社の多くが東京にあるということもありますが、地方原発についてはあまり本が出ていない。

矢野　確かにそうですね。

山本　限界的なものも感じていて、こうした是非を皆さんに考えていただくために番組を作らなきゃいけない。例えば、僕は原発が良いものか、悪いものかもわからないし、そういう先入観で番組を作ったらいかんと思ってるんです。だけど、一方でフェアな状況できちっと情報を出してくれていない気がして、「始めに再稼働ありきの議論なの？」って思ってしまう。でもそれを論破できたり、「これおかしいでしょ」と具体的に言える力は、よっぽど原発とかエネルギーに詳しい記者やデスクがいないと、できないんですね。

僕たちも事故が起きるまで完全な素人で、事故が起きるからいろんなものを読んだり、いろんな人に話を聞いたりしますよ。推進派の人にも、反対派の人にも。

内山　バイアスがどっちにもかかるんですね。

山本　だから、「もうちょっとフェアにやりませんか」というのを両サイドに言いたいですね。反対、反対って言っている人に、「それ、反対のための反対やろ」と言いたくなるときもありますよね。

もうちょっといろんな情報を自分で吸収して、それで答え出しません？って。気の毒だから、怖いからじゃなくて。議論の入口に入る前の段階で、反対と言ってしまったらもう議論にならないと思うんです。

関西テレビで放射能が今どうなっているのかを特番で取り上げたとき、宮古市で処理された瓦礫を東京都の環境局が毎日計測しており、その値の3倍の数値が大阪駅や梅田駅周辺で出ているんですね。どちらも自然由来の数値で、怖がる必要はないんです。

内山　関西は結構高いんですよね。でも大阪も瓦礫を受け入れませんでした。

山本　ネットなどでいろんな情報を得てもいいと思うけれど、怖い＝《イコール》受け入れダメ、という流れを感じましたよね。

矢野　ただ、低線量被ばくを恐れ、親が子どもに影響が出るのを心配するのは当たり前の気持ちだと思いますね。確かに、行き過ぎではないのかというケースもあるかもしれませんが、「何が悪いのか」といった場合、東京電力の福島第一原発が事故を起こしてしまったことが大きな問題なのですから。

高橋　これまでまったく放射線量のことを考えずに暮らしていた人が、突然、低線量被ばくの話を聞いたら、そりゃ怖くなりますよ。どこそこと比べて何倍という言い方をされたらなおさら。でも、メディアがどう報道しても受け取る側なんですよ。避難された方々は放射能に関して安全なラインより危険なラインにたぶん気持ちが行くだろうし。どれだけ危険かという情報を集めようとするけど、どれだけ安全かという情報は御用学者が言うことだ、みたいな形にしてしまう。本当はその両方をくみ上げて、自分で判断する。メディアは正しい情報を正しく受け止めていただけるように、いかに伝えるか、というのがこれから問われるところではないでしょうか。

震災報道でも、現実ではありえない世界を見せられて映画のように他人事に見てしまうか、それとも同じ日本で起きていることだと受け取るか。やっぱり受け取る側の問題は大きいと思うんです。

内山　それを政治が受けているかというと、全然受けてないですよね。政治家もいっぱい被災地に入ってますから同じように感じられているはずなのに、原発をもう1回やらなあかんと再稼働の方に行く。そこにメディアはどう乗るのか、あるいは乗らないのか、というのはすごい大事なことだと思うんですけれど。

山本　発信する側の立場からすると、僕はとにかく視聴者の方にとってその情報が有益かどうかに尽きると思っています。変なバイアスをかけてきたら、関西テレビの上層部にでも噛みつくタイプでしたから、言ってこられなかったですけれど、自分たちが手にした情報で、「あ、これはスポンサーサイドのからみで関テレの上が嫌がるような情報だな」と思っても、「まず視聴者に伝えないといけないでしょ」と思う。それは、自分の中では貫きたいなと思ってます。

●身近な巨大企業「関電」にまつわる話

内山　本のタイトルにもなっている「関西電力」という企業についてはどうですか？

矢野　今回、関西電力に取材をお願いして、その対応が「官僚的」だと感じましたね。直接お会いしての取材は断られ、「質問事項を出してほしい」と。しかも、電話での回答なんです。回答をファックスで送ってくれたらいいのに。

内山　証拠を残さないようにね。

矢野　それがすごく官僚的でしょう。こっちは電話で回答を聞きながらペンを走らせる。急いで書いているから、あとで読み返しても読めへんねん。(笑)

高橋　私もいろいろな電力会社に関わってますけれど、関電の敷居が一番高いんですよ。共同通信社の記者として行ったら、ある程度対応してくれましたけれど、フリーで行ったら、けんもほろろですよ。目的から何からあらゆることを一番しつこく聞いてくるのが関電でしたね。私が行った当時で言えば、資源エネ庁とかに「話を聞きたい」という時のやりとりとほぼ同じ、つまり国と同じなんですね。

矢野　もう一つ大きな問題だと思っているのは、労働組合の存在です。本来なら企業の暴走を止める役割の労組が、関電では「労使一体」のため本来の役割を果たしていないのでは、と思うのです。原発に関しても、労組は会社側と同じ推進派ですしね。企業ですから儲けを追求するあまり暴走してしまうときもあるでしょう。それをチェックして歯止め役になるのが労組の役割と思うんですけれど。

関電の初代社長の太田垣士郎氏が労組を弱体化させて取り込み、クロヨンに、そして原発に全社一丸となって突き進んでいったわけです。今のところ、福島第一原発事故のような大きな問題は起きていませんが、一歩間違えば大事故につながりかねない事故は起きていて、関電は事故隠しをやっていた。

市民の命や健康に関わる情報をどう伝えて行くのか、本来なら労組にその役割を果たしてもらいたいのにできていないような気がします。

内山 ヤマヒロさんは関電に取材をされたことは？

山本 91年の美浜原発のギロチン破断の事故の時に行きました。当時はテレビの報道と言っても原発のことは詳しくないし、科学部もないし、「行こ!行こ！」って行きましたけれど、考えてみたら心もとない報道ですよね。でもテレビなんてそんなもんなんですよ。だから、電力会社がきちんと情報を出していないと判断したときは、思いっきり叩いてしまうんですね。「お前らを信用していたのに、なんでそこでその説明せーへんかってん！」って、はっきり言いましたけれどね。

内山 僕は電気料金も気になるんですよね。原発を稼働しているから電気料金は安いと言われてますけれど、本当に原発によって抑えられてきたんですか？

高橋 それは検証のしようがないんですけれど、少なくとも原発で電気料金を抑えるということはないと思います。

山本　でも、そういう思い込み、ありますよね。僕も同じ思いでしたし。だから、原発は必要なんだよって。

内山　雑誌で宮崎哲弥さんが、もし原発が安かったら原発の無い沖縄電力はもっと高いはずだと書いてはったんですよ。中部電力も原発は少ないから、ふつうに考えたらもっと高くないとあかんのとちがうんと、中部は水力が多いこともあるかもしれないけど。あと助成金も大量に入っていますよね。

矢野　結局、そこなんですよね。

内山　請求書は安いんですよ。裏の金を考えたら本当に安いのか？と思うんですよね。

矢野　これから怖いと思っているのが、国内の原発48基がどんどん老朽化していきますよね。特に関電の場合、11基ある原発のうち40年を超えている原発も少なくない。いずれ、廃炉にしていかねばならない。その費用は電気料金に上乗せされてしまうのではないか、と。

内山　それは過去に積立てをしてますよね？

矢野　とうてい足りないですよね。それがこれから電気料金に跳ね返ってくるのではないでしょうか。

高橋　原発は稼働しなくても、置いておくだけでお金がかかりますから。

内山　火力発電は止めても、お金はかかりませんからね。

高橋　さらにプルトニウムの消費のためにプルサーマルということになって、仮に再処理工場も稼働したとすると、その燃料代はものすごく高くなるわけですよ。それも負担しないといけませんからね。

山本　でも、プルトニウムをそのまま置いていると、関電の債務になっちゃうんでしょ？

高橋　使用済み燃料をそのまま置いておくことと同じになるでしょうね。

山本　それを国策としてやるんだったら、そこは考えてあげないといけないなと思いますね。やはり企業ですから。もし僕が関電の社員だったら、そう思うだろうと思うんです。メルケル演説（２３７ページ）じゃないけれど、福島の事故を受けて国策が大転換をするなら、ちゃんと40年を守ります、脱原発、卒原発でもいいけれど、ちゃんと原発をやめるんだと打ち出すのであれば、手当てをしてあげなあかんと思います。しなかったら電気料金に跳ね上がるんでしょ。それは良くないし。

ただ一方で、電気料金は安ければ良いというものではないと思ってるんです。原発を24時間フル稼働して夜の街に煌々と明かりが点いている。コンビニもほとんど休まない。昔の日本はそうじゃなかったですよね。テレビ番組だって午前1時まででええやんって。おもんない番組とかやっていないで。（笑）生活そのものを見直すのも大事かなって思いますよね。

国も汗かかなあかんし、電力会社も考えなあかんし、消費者も。「あると思うな、いつまでもエネルギーが！」って言う絶好の機会だと思いますね。

内山　国策、変わんないですね。

山本　何の選挙だったんでしょうね。でもね、こういう声をあげ続けるのが大事で。

安倍政権はアベノミクスがあるから信任されているようですけど、ちょっと待てよと、国をあげて無茶をいっぱいしてるんじゃないの、という声をね。

政治参加って一票を投じるだけやと思ってる人が多いと思いますけれど、違う、違う。普段から声を出していたら、政治家は支持率しか考えていないわけだから、「人気がなくなってきたら政治だって動かせるよ」って、そこを信じたいですね。

●オリンピックか復興か

内山　東京オリンピックの開催が決まりました。被災地の復興もまだなのに？という声がありますよね。

矢野　これから東京オリンピックの施設がどんどん建設されていきます。早くも資材などが高騰しているとも言われています。被災地では、除染や公営復興住宅建設、それになにより福島第一原発の収束作業に人手や資材が必要です。資材が回らず、人手さえも東京に取られてしまうことになったら、ますます復旧、復興が遅れていくでしょうね。

高橋　国は本気で復旧、復興しようとしてるんですか？

矢野　国自体が忘れたいと思っているんじゃないですか。

内山　なかったことにしたい。

山本　被災地でも自治体の首長がものを言うところは、若干進んでいるように思いますね。陸前高田は、去年の秋の段階でダンプがどんどん行き交って、かさあげのための土が運ばれてましたから。あれは砂がしまるまで待たなあかんから、町づくりはまだまだですよ。それでも、岩手の他の町に比べると早い方です。でも、オリンピックの影響が早くも出てるとかで、入札がなかなか進まないという話がありますね。

内山　入札不調は全国で出てますね。予算を上げていっても請けてもらえない。

山本　逆手にとって、オリンピックはもう決まったわけですし、２０２０年に被災地ででできる競技はないのか、とかね。そのシーズンに入る直前にイベントを行って、「日本はこれだけ立ち直ってるよ」と発信できる機会でもあるだろうし。名取市閖上《ゆりあげ》の辺りは、ヨットレースができるんじゃないか？って思うんですよ。

内山　それこそメディアが「やろうよ！」って盛り上げれば、できるんじゃないですか。

山本　そうやってできたらいいなって思いますよね。

高橋　２０２０年までに施設を造ることも大切なんだけれど、いかに安倍さんが言った、「アンダーコントロール」を確実なものにするか、ですよね。例えば、オリンピックの直前に東京で放射線量が異様に高いホットスポットが出たとか、競技場の土から放射性物質が検出されたといったことがあったら、それだけで吹っ飛んじゃう話なんですよ。

内山　そこは報道管制でしょ。

高橋　日本ではある程度の報道管制が可能だったでしょうけど、ヨーロッパでは現地の映像などが編集なく出てましたから、決して管制しきれるものでもないです。

本気でオリンピックを成功させようと思うなら、オリンピックの開催年に復興庁がいらないくらい、「被災者の人たちを全員救うんだ」ぐらいのことをしないと。

それとね、原子力基本法にうたわれている「民主・自主・公開」の中で、日本は「自主」が一番遅れてるんです。「民主」と「公開」は建前上している。問題は「自主」なんです。

これまでほとんどの技術は輸入に頼らざるを得なかった。だから日本は自主開発にこだわってきたわけですよ。けれど、今度は廃炉技術をアレバ（仏）とかの輸入技術に頼らざるを得なくなってる。原発のウラン燃料に限りがある以上、いずれは終わる技術だし、その後始末の技術を自主開発する機会として福島がモデルケースになる。国はもちろん電力会社も先頭を走るくらいの意気込みで取り組まなきゃいけない話じゃないかと思いますね。

●特定秘密保護法と原発

内山　特定秘密保護法は原発にどうからむかですけれど。

矢野　機密事項だという形で隠されていきそうな雲行きですよね。

内山　メディアがどう取材していくか。どんどん隠されていくところがあるわけだから、メディアに課せられてると思うんですね。逮捕される危険を冒してでも。

山本　そうですね……。（笑）やっぱりそうなるのかな。

内山　それぞれが情報を取りに行くわけにはいかないでしょ。電力会社に個人で聞いても教えてもらえないから。

高橋　大事なことは、みんなが「知りたい」と思うことですよね。

やっぱり報道する側の立場から言えば、「求められている情報は何か」、それを出していくことじゃないかと。情報を流したところで、誰も見ない、誰も関心を示さないというのでは、果たして情報といえるのかどうか。

どんな情報に気を付けなければならないかというのが我々には普通にあって、それをメディアに求めて行く、その要求に応える形で報道されたものをしっかりウォッチして、必要な情報を得る。その中で、特定秘密保護法がこれからどう関わってくるかになると思うんです。

考えたくないけれど、仮に事故が起きたとして、その場合の避難情報を正確・迅速に得る必要がありますよね。事故を起こす側は、情報をミニマムに抑えるわけです。でも必要なのはマックスの情報なんです。マックスの情報で、仮にから騒ぎに終わるかもしれないけれど、から騒ぎがあって初めて命が守られるんですよね。

福島の原発事故の情報はまさにミニマムで、20キロ、30キロ圏の人たちが逃げ遅れたわけですから。あの基準を見ていると、「可能性」というレベルの情報は先送りされるのかな、と感じますよね。

内山　廃棄物処理も秘密に進めないと実現できないでしょ。輸送ルートも含めて。どこに埋めるのか、どう埋めるのかとか、公開したら今の日本では「うん」と言うところはないでしょう。

高橋　だからNUMOという組織ができて、一応オープンな状態で最終処分場の選定も行ってきたんですけれど、つい最近、国が全面に責任を負うって言い出したじゃないですか。どこそこに打診してるという話があがったら、たちどころに拒否される。だから、決まらないんですよ、絶対に。

内山 朝日新聞には六ヶ所村が手を挙げたと、載ってましたね。

もう一つ気になるのが、果たして何万年単位で安定した地層が日本にあるのかということ。今は「ある」と言ってるメディアが一杯ありますけれどね。

山本 あれはびっくりしますよね。

内山 根拠は何だろう?というのがねー。

山本 それもやっぱり本気でリーダーがどう考えるかだと思いますよ。特定秘密保護法とからめると、これはやっぱり隠されてしまうのかなと思うけれど、その法案ができるなりの理由もあったわけなんですが、じゃあ法案は作るけれども原発とか人の生命とか安全にかかわることに関しては、簡単に考え方を180度転換します。ついては、その腹の括り方がないから、全部先送り、先送り。

矢野 先を見通せない。

高橋 やっぱり原子力って、「(稼働が)終わったから、はい終わり」じゃなくて、終わったら新たなスタートがあるわけですよ。原発で言えば、廃炉です。だから、仕切り線を引くことは、次を作ることだから、なかなか。ずっと先送りにしてきたわけですよ。

再処理の問題にしても高速増殖炉をやらないと決めてしまえば、それでいいんだけれど、プルトニウム保有を国際的にどう説明するのかという次の問題が出て来る。研究成果をまとめるとか言って、高速増殖炉もやめられない。

一度動かしてしまったら、エンドレスになってしまうのが原子力で、その中で先送りが当然になってきた。最終処分地はどこそこに決めましたって言ったら、原子力の問題は解決するものでは全然ないわけで。

だから本当にパンドラの箱を開けてしまったので、今さら開けたことを非難しても問題の解決にはなりません。

日本が民主主義を語っている以上は、我々の責任でもあるわけです。関電のせいだけじゃない、東電のせいだけじゃない、安倍政権のせいだけでもない。我々自身が責任を負わなければいけない。負う中で、どこかが引き受けなきゃいけない。

だから福島の原発事故だって関西は離れていると言っても、ヤマヒロさんが最初におっしゃったように、関西に住む私たちがどれだけ福島の事故の処理に本気になるかですよね。

山本　福島第一原発の事故にしたって、津波による被害がどの程度なのかすらわからないわけですよね。そこをまずやってもらわないと。地震の揺れで美浜や高浜がどうなるねんとか、何も知らされてないし。今までお金によって動かされてきたこの社会で、いきなりは難しいかもしれないけれど。どこかで救世主みたいな人が出てきませんかね。ほんと思いますね。でないと、この政策が続く限り、関西電力も変わりませんよ。

高橋 変わりたくても変われない。

山本 僕が関西電力の人間やったら、変えませんよ。だから、やっぱり政策ですよね。

●現地では何が起こっているのか

山本 僕がよく講演会で訴える話があるんです。今、原発って推進派と反対派がテレビでも本でも議論を戦わせているけれど、それは自分たちの明日のことを考えての事でしょ。

被災した人たちにとったら、2011年3月11日のあの揺れと津波とそのあとの放射性物質から逃げなあかんからそのまま逃げてる。物を取りに何回か短時間だけ帰ってるけれど、まる3年間、まったく考えもしなかった生活が続いていて、しかも家族を失ったり、家を流されたりしている人もいるわけです。被災者の人たちからすると、今の議論はちょっと待ってくれという思いがあると思うんですね。

Uさんという40代の男性と僕は、2013年9月に出会ったんです。そのUさんは、同居していたおばあちゃんとおじいちゃん、息子さんと娘さんの4人が行方不明になってその後の捜索でおばあちゃんと娘さんが見つかった。自分の手で家族を見つけようと思って、住んでいる町一帯をずっと探したけど、結局おじいちゃんと息子さんは見つけられなかった。でも、他人さんの遺体は41体引き上げたんです。それは「ほんとに嬉しかった」ってUさんはおっしゃるんですね。自分の肉親を発見したかのように嬉しかったと。

人の最期の始末をきちんとする国で、なんでこんなに放ったらかしになっているのかと。僕たちが発見したから少なくとも荼毘に付して弔うことができるから、「あなた、僕たちに発見されて良かったね」と亡骸に向かって叫び続けた。うじ虫を取ってあげるのも何とも思わなかったし、「きれいになったよ」と声を掛けた。そんな世界なわけですよね。

Uさんと出会ったとき、おじいちゃんと息子さんのことは心の中では諦めてるけれど、「願わくば、他の人と同じように、きちっと弔ってあげたいんですよ」とおっしゃった。

Uさんいわく、あそこにまだ積まれている瓦礫、まだ手つかずの浪江の海岸、そこに絶対遺体があるんだと。どなたかいらっしゃる。ひょっとしたら自分の父や息子がいったん沖に流されて浪江に打ち上げられてるかもしれない。だから「お願い、やって欲しいんだよね、捜索を」と。

つまり、前に進めないわけです。一緒に足並みを合わせて前に進みたいのに、そこを置き去りにされているから、復興だとか言われても前に進めないんですよ。「その前にやってくださいよ、まだ行方不明者が２０００人近くいるんだから」と、Uさんはおっしゃるんですよね。

矢野　私が取材した福島県伊達市は、全町避難した飯舘村の隣で、福島第一原発からは50キロぐらい離れているんですが、特に霊山町《りょうぜんまち》小国《おぐに》地区《ちく》では街ごと避難させた方がいいのではと思うぐらい放射線量が高いのです。にもかかわらず、ここで起きていたことが、原発被害をめぐる象徴的なことだと思いました。それは「分断」です。地域や住民が「分断」させられていたんです。

　東京電力などに雇われた人が、市内の各家の玄関と庭先の2カ所だけ測って、「はい、ここは避難してもいいですよ」「ここは大丈夫でしょう」と判断する。「特定避難勧奨地点」という線引きによって、同じ集落でも隣同士で指定の有無が分かれ、指定を受けた家には賠償金が出る。わずかな線量の違いが「指定を受けたあの家は新車を買ったらしい」などの噂が飛び交い、疑心暗鬼を生んでいました。その結果、集落で一緒にやっていた盆踊りも開かれなくなってしまった。

　原発被害によってもたらされる「分断」というのは大きいですね。

　もう一つは、震災関連死ですよね。福島は１６６０人（２０１４年3月11日付朝日新聞）と、東北の被災3県の中でもけた違いに多いのです（岩手434人、宮城879人）。

残念ながらこの数字はこれからも増えていくのではないかと思います。ヤマヒロさんがおっしゃったように、明日が見えないわけですよね。明日が見えないから、希望が持てない。どうしても絶望的な気分になる。自分の将来を描けないわけですから。そこでの絶望感、ストレス、それで、命を縮めて行くことになるのではないかと思います。

原発事故がもたらしたもの、これは大きいなと思いますね。

高橋　私は被災地になかなか行けなくて忸怩《じくじ》たるものがあって、去年初めて入ったわけですが、こちらにいると避難区域もすべて図表で出るじゃないですか。浪江町で「帰還困難区域」と「居住制限区域」って、ほんとに地図上の線と同じなんですね。でも道路のこちら側でとんでもなく高い線量、じゃあ道路の向こう側なら急に線量が下がるのかと言ったらそんなことありえないのに、きっちり線が引かれている。その線で、補償などの対応に違いが出てくる、その理不尽さ。

震災から3年が経つ今も、そういう理不尽な思いを抱えながら、なおかつ明日が見えないという、我々には想像できない状況で、皆さん生きていかなきゃいけないんです。

内山　原発に関する声というのはどうですか？

山本　様々かなという気がしますね。必要性もわかっていた、事故までは。大熊町とか双葉町とか、原発によって歩んできた町の人たちからすると、やっぱりなければ自分たちは大変だったという思いがあるんですよね。

ここがね、頭の下がる思いで、「だから、原発の今の復旧、処理は率先して手を挙げていくんだ」という人が多いんですよ。それを聞いて「え？」って思うんですよ。もう自分の家には帰れないとわかっていても、関わってきた以上、自分たちがやらなければいけないもんだ、という考え方の人もいて、なんとお声掛けしていいかわからない。

高橋　これから問題になってくる中間貯蔵施設も、本来であれば、こんな事故の被害を受けて、こんな思いまでして、そこまで引き受けさせるのか、という議論に我々の感覚からしたらなりそうじゃないですか。でも、そうじゃないんですよね。

山本　関西人やったらまずならないですよ。分断された理不尽さは、阪神・淡路大震災の時みたいに小田実さんのような人が「なんじゃこれ！」って声を出してると思うんです。「もっと声出してええねんで、もっと怒ってええねんで」って思うんですけれど。

高橋　どこかで「自分たちは原発の恩恵を受けてきたんだから」という後ろめたさ、という思いを現地の人と話しているとちらっと感じてしまう。今の原発の議論でも、例えば「原発の現地の人間は潤っているやないか、今まで甘い汁を吸ってきたやないか、何を今さら反対や」と言われたときに、そんな理不尽な言い分はないのにもかかわらず、それを受け入れて、声を出せない、出さない。やっぱり構造的なものでしょうね。

山本　もっと声を出してください、と言うべきなんですけどね。

高橋　原発の現地じゃない、我々が声を出していかないと。

山本　実際は、直接的に潤ったというか、原発の恩恵を受けてない人のほうが多いですね。自分たちが今まで作って来た農産物、海産物に影響しているわけですから。

矢野　しかも地元で使われる電気じゃないですもんね。

山本　そうなんですよね。そういう気質とか言われますけれど、一人だけおっしゃいました。「東北人は粘り強い、辛抱強いと世間から言われているのをいいことに……」って。「ほんまですよねー」って。

●私たちに「福島を支えよう」という気概はあるか

山本　本に橋下さんの変節の項目がありましたけれど、500年、千年先の日本人が振り返ったときに、「あのとき橋下が心変わりしたからや!」って、そんなことを言う日本人はいませんよ。「当時の日本人って何をしてたんや!」って笑われるのは今の時代を生きる僕達みんななんですよ。だから、東北を放っていたらあかんわけですよ。オリンピックのことを考えてもそうだし。後世のことも考えたら、「ちゃんとせなあかん！」と思いますけどね。

内山　そういう目線ないですね。現状レポートと、東電があかんというのはみな言うけれど、政府がだめやとは言うけれど、「みんなであそこを支えよう」という視点はないような気がしますよね。

高橋　安倍さんが日本を取り戻すと言うけれど、死者が出たら弔うというのが日本じゃないですか。主義主張で誤解されるかもしれないけれど、良い伝統が壊れかけてるんですね。

内山　本来はね、保守はいかんと言わないといけないですよね。日本をだめにした、伝統をだめにした、人間関係をだめにした、白砂青松の景観をだめにした、本来保守、民族派にとってはとうてい許せないことです。

高橋　瓦礫の中に埋もれてしまってまだ見つけてもらっていない遺体を残らず救い出して初めて日本なんだ、くらいのことをリーダーに言ってもらわないと。

内山　ほんまや。第二次世界大戦の遺骨収集は大事な問題。けれど、3年前に波にさらわれた人が見つかってないねん、ぎょうさん。震災だったら2万人ほどの人たちが死者行方不明者という記録的にはそうだけれど、大事な人やものをなくした事例、それが2万件起きてるねんぞ、って。受け止め方は人それぞれだけれど、そこをちゃんと見ないと「明日の原発政策はどうします?」という話にはなりませんよね。

高橋　去年の夏、陸前高田で「ここの運河に遺体が絶対あるはずなんだ」とおっしゃる方がいて。防潮堤を作るために埋め立てて土台になってしまう。その前に捜索して最低でも「幸い遺体はありませんでした」とするべき。一定の期間が過ぎたら前を見よう、明日を見ようって言うけれど、昨日が解決していない人に明日を見ろなんて絶対無理ですわ。

「自分で潜れ」って言う人もいるけれど潜れるものなら潜ってる。底に瓦礫で重いのが沈んでるからそんなの一人の力じゃ無理ですよ。そこに時間とカネをかけられない。この国って何なんやろな?って。浪江は仕方ないと思ったんです。あの瓦礫を捜索したくても放射線で近寄れないから。でも陸前高田ですよ。だから余計ショックでした。

山本　浪江も当時と違って今は防護服を着る必要ないです。あの区域は民間人が物を発見しても自由に動かしたらあかんそうですね。

高橋　自衛隊が遺体を見つけても動かせず、警察官じゃないとだめらしいですね。だからね、浪江のあっちこっちに赤いバッテンがついている。自衛隊が捜索して遺体を見つけたら目印につけたそうです。法改正が必要ならそれのほうが大事だと思いますね。

●再稼働なら事故の覚悟も

内山　この本を作りたかったもう一つは、「事故ありき」で考えなあかんというのがあるんです。もうそのリスクは現実の問題かなと。つまり、覚悟がいるわけですよ。そのうえで原発を引き受けるのか、必要なのかどうかを考えないといけないというのが、一番の問題意識なんです。それと、中小企業の人たちは本当に再稼働したいと思っているのか、です。

ヤマヒロさんは再稼働について、どう思ってるんですか。

山本　本当は原発に手をそめるべきではないだろうと思うんですけれど、さっき話に出たように「パンドラの箱」を開けて、動き出してるじゃないですか。

それによって本当に経済活動や産業活動が立ち行かなくなるのか、本当のところを教えて欲しい。

で、もし立ち行かなくなるという結論に達したら、可及的速やかにそれにかわるものに差し替えていく必要があるんだろうなと。今ただちに、ゼロにせなあかんとしたら、そんなことも言うてられへんのかな、と思ってしまいます。現実問題です。

ただ中小企業の人たちが立ち行かなくなると言いますけれど、全部つながってくるんです。関西電力は電気料金を上げますよね。例えば炭鉱が閉山になったとき、恩恵を受けていた人がゼロになった。でもそこは当時の政府が激変緩和措置を取っています。そういうセイフティネットを作ってあげないと、と思いますね。国策の転換というのはそこまで全部を含めてのことだと思っているので、シフトするなら、そこまでやって「脱原発」と言えると思います。

高橋　再稼働によって、幸い閉じ込められていたものまでが出ていく、議論するきっかけがまた失われてしまうというのがありますね。リスクの問題はもちろんですが。

　今なら原発が止まったままだと電気料金は上がるよ、このままでは中小企業が大変だよってことが言える。この時期でないと、関西の人ってリアルに議論してくれないじゃないですか。その意味で、もうちょっと議論する時間が欲しいなというのがあるんです。

　あともう一つ、福島のことで明らかになったのが避難計画。範囲が広がって、関西の自治体でも、避難計画は結構議論になるけれど、避難した人を受け入れる議論はほとんどしていない。例えば、和歌山はどちらかといえば避難者が逃げて来る、兵庫なら岡山や中国・四国地方へ逃げて行く。でも、逃げてきた人を受け入れることはまったく考えられていない。

　そこまで全部議論した上で、どうしても再稼働せざるを得ないなら、動かして万が一のことがあっても福島の二の舞にはならないようにスムーズに避難できる。

そうした議論がまったくされない中での再稼働はありえない。技術的な問題やリスクの問題も全部取ったところで、議論をちゃんとできていない。

原発を動かさないがゆえにできる議論、今しかできない議論、そういう意味で避難計画も含めてきっちりする、した上でどうしましょうか?と。

山本　再稼働ありきで議論を始めるかのような、それだけはやめて欲しいと思いますね。

高橋さんがおっしゃった避難者の受け入れ側の問題は、東日本大震災でもありました。2011年の6月に弁護士会が開いた被災された方の相談会で、おじいちゃんに「罹災証明書を出してください」って言ったら「罹災証明書って何ですか?」っていうことがあったんです。3カ月経っても罹災証明書の存在すら知らない。被災自治体が関西に避難している人まで面倒を見れないんだとしたら、少なくとも受け入れた側で、そういう人たちのケアをちゃんとしなさいと思うけれど、それすらもできてないんですよね。

高橋　だいたい非民主的なものなんです、原発は。

内山　そうですね。原子力ムラというのは海外でもあるんですよね。

高橋　ドイツでは「原子力マフィア」という言い方をしていますけれど、どこの国でもありますね。極端な言い方をすれば、原子力って利権か軍事的な野心以外にメリットがない産業なんです。野心を満たしたいという人たちが中枢にいる限り、あるいは強力な1%として存在する限り、なくならないです。

●問われるメディアの信頼性

内山　今日、報道を見ているだけではわからなかった被災地の現状を聞いて改めて思ったんですが、やっぱり「今、どうなのか」という情報を一つでも多くみんなが持つ、まず知らないと、と思いますね。

メディア側としては情報をまず出す。でもみんなネットに行っちゃって、何が本当かわからない状態ですよね。ネット上には本当と嘘が混在してる。だから、相対的に言うと、出版でもテレビでもメディアの地位が落ちている。信用されていない。それを取り戻さないといけないと思うんですよ。

矢野　ヤマヒロさんはこだわって被災地に入って、よく報道されたなと思います。社内で賛否があったことを聞いていましたから、1カ月の震災報道というのは、関テレもヤマヒロもすごいなと思いましたもんね。

山本　視聴率を下げてしまいましたけれど。悲しいかな、それがやっぱり1000キロの壁なのかなと思いましたね。東日本への関心事がね。ほかの特集をやるときのほうが高いんですね。

でも数字よりも、

矢野　そう。

山本　マスコミの果たす役割って、一度に大勢にどっと提供できる強みがあるので、だからほんとに皆さんに正しい情報をね、提供して考えてもらう。その機会は増やさないといかんやろうなと思うんですよね。

矢野　数字は確かに低かったかもしれないけれど、アンカーがあそこまでやったということで、「アンカー」に対する信頼感は大きくなったと思いますね。

山本　そうですね。

高橋　「アンカー」の報道を見ていて思ったのは、その情報を受け取る準備ができていない人でも、あれだけこだわって報道されれば、いやでもわかってくれるだろうな、わかるだろうな、気づくだろうなと。やっぱり気づかせるというのがすごく大事だと思う。

内山　確かに、そういう報道があるから議論できる状態になっていると思いますね。以前は原発反対の話をしても、「じゃあ君は電気を使わなかったらええやん」というのが結論でしたから。

高橋　原子力の情報とか、電力の情報とか、経済的な情報よりも、その気づきですよね。その気づきをどれだけメディアで与えられるかは、すごく大事だなと思います。そうでないと、正確な情報を流してもその情報自体がスルーされていってしまうと思うんです。

内山　情緒的なものって大きいですね。

山本　それが映像の魅力かもしれないですね。

内山　今度、上映会をやりましょうよ。

高橋　いいですね。研究用に被災資料として録画していますが、圧倒的に「アンカー」のビデオが多いですよ。被災地でヤマヒロさんが語っている姿、すごくインパクトありました。

内山　ネットが現れた時にね、出版界のみんなに言っていたのは、僕らの仕事は情報を売ることではなくて、情報に信頼感を与える仕事なんだよってことなんです。裏付けのあいまいなネット情報と、僕らが信用保証をした整理された情報と、それをどう読み分けてもらうかがメディアとしての存在意義だと思うんです。

矢野　僕は「立ち位置」かなと思ってます。誰の横に立って報道していくかということです。

誰が一番泣いているのか、そういう人の横に立って物事を見て発信していく、その姿勢がメディアに求められているんじゃないかと思いますね。

（2014年3月・談）

おわりに

福島第一原発事故から3年が経った。4号機の使用済み核燃料の取り出し作業や、3号機の建屋カバーの建設などが進行しているものの、事故の収束の見通しは未だに立ってはいない。

それどころか、たまり続ける汚染水の流出や、貯蔵タンクからの漏出事故が相次ぐなど、新たな問題が次々と発生している。1号機から3号機の建屋内は、依然として人が近づけないような高い放射線が飛び交い、今後の対策はおろか、事故原因の究明や現状把握すらできない状況が続いている。

そして今もなお、復興庁が把握しているだけでも、26万7千人余り（2月13日現在）もの人々が、将来をまったく見通せない状態で避難生活を余儀なくされているのだ。国が「安全」とするものの、事故前よりも高い放射線にさらされた広範な地域で、日々不安を抱えながら生活をする人々が、数え切れないほど存在することも忘れてはならない。私たちはまず、この現実を直視しなければならないだろう。

にもかかわらず、政府は原発を今後も活用していく方針を明記した、新たなエネルギー基本計画案をまとめた。原発の再稼働を認め、高速増殖炉「もんじゅ」や核燃料サイクルも推進しようとしている。「喉元過ぎれば熱さを忘れる」という諺があるが、まだ事故の傷跡も生々しく、多くの人々が苦しんでいる状況、つまり喉元を過ぎてもいない状況で、既に熱さを忘れてしまっているとしか言えない。原発を再稼働する前にやらねばならないことは山ほどある。福島第一原発事故の収束作業、膨大な汚染水・除染で生じた放射性廃棄物の処理、そして何より事故によって被害を受けた人々の救済……。万が一、原発が事故を起こした場合の避難対策の整備も必要だ。多くの周辺自治体が未整備の状況で、原発本体の安全審査のみで再稼働させるということは、「安全神話」の復活に他ならない。「喉元過ぎれば熱さを忘れる」のは、国や電力会社だけではない。私たち一人ひとりにも言えることだ。事故から3年を経過して、「原発震災」の恐ろしさを忘れてはいないだろうか。福島第一原発の現状に無関心になってはいないだろうか。

事故の影響は、チェルノブイリ原発事故を振り返ってみれば明らかなように、まだまだ始まったばかりだ。私たちは図らずも「原発ゼロ」となっている今こそ、改めてその是非を真剣に問わねばならない。原発を「是」とするのであれば、事故への備えと同時に、廃炉や放射性廃棄物の処理・処分まで、責任を持って考えることが求められる。

関西には、原発事故の被災者が多く避難している。そこに住む人々が被災者に寄り添いつつ、本書をきっかけに原発問題を自らの問題として捉え、どのような未来を描くべきかを共に考えてくれることを願っている。
最後に、忙しい時間を割いて座談会に出席し、貴重なお話をしてくださった山本浩之氏に心から感謝したい。

新聞うずみ火編集委員／高橋 宏

資料編

資料1　関西電力の発電施設

関西電力の発電施設は164カ所あり、年間3493万400kw（2013年1月現在）の電力を生み出している。

うち、原子力発電所は3カ所11基で976万8000kw。火力発電所は12カ所で1697万2400kw（小型電源6万5400kwを含む）。水力発電所は近畿地方各府県、福井県、長野県、岐阜県内に148カ所（818万kw）を数える。

このほかに、太陽光発電所（メガソーラー）が大阪・堺市内に1カ所ある（1万kw　関連会社経営の発電所を除く）。

■原子力発電所

・美浜発電所（福井県美浜町　全機定期検査中）1号機（34万kw）・2号機（50万kw）・3号機（82・6万kw）

・高浜発電所（福井県高浜町　全機定期検査中）1号機（82・6万kw）・2号機（82・6万kw）・3号機（87万kw）・4号機（87万kw）

・大飯発電所（福井県おおい町　全機定期検査中）1号機（117・5万kw）・2号機（117・5万kw）・3号機（118万kw）・4号機（118万kw）

■火力発電所

・宮津エネルギー研究所1・2号機（京都府宮津市75万kw　重油・原油　長期計画停止中）

・舞鶴発電所1・2号機（京都府舞鶴市　180万kw　石炭）

・南港発電所1・2・3号機（大阪市住之江区180万kw　LNG）

・堺港発電所1・2・3・4・5号機（堺市西区200万kw　LNG）

・多奈川第二発電所1・2号機（大阪府岬町120万kw　重油・原油　長期計画停止中）

・関西国際空港エネルギーセンター1・2号機（大阪府田尻町　4万kw　LNG・灯油）

・姫路第一発電所5・6号機ガスタービン1・2号機（兵庫県姫路市　150・74万kw　LNG　1号機から4号機は廃止）

・姫路第二発電所5・6号機と新1・新2・新3号

機（兵庫県姫路市　265・95万kw　LNG　旧1号機から4号機は廃止。新4号機から6号機は建設中）
・相生発電所1・2・3号機（兵庫県相生市　112・5万kw　重油・原油）
・赤穂発電所1・2号機（兵庫県赤穂市　120万kw　重油・原油）
・海南発電所1・2・3・4号機（和歌山県海南市　210万kw　重油・原油）
・御坊発電所1・2・3号機（和歌山県御坊市　180万kw　重油・原油）

■主な水力発電所（10万kw以上）

［一般発電所］（ダムによる発電を行うもの）
木曽川水系　・読書発電所（長野県南木曽町　11・71万kw）
・木曽発電所（長野県木曽町　11・6万kw）
・丸山発電所（岐阜県八百津町　13・3万kw）
神通川水系　・下小鳥発電所（岐阜県飛騨市　14・2万kw）
黒部川水系　・新黒部川第三発電所（富山県黒部市　10・7万kw）
・黒部川第四発電所（富山県黒部市　33・5万kw）
・音沢発電所（富山県黒部市　12・4万kw）

［揚水発電所］
淀川水系　・喜撰山発電所（京都府宇治市　46・6万kw）
市川水系　・大河内発電所（兵庫県神河町　128万kw）
円山川水系　・奥多々良木発電所（兵庫県朝来市　193・2万kw）
新宮川水系　・奥吉野発電所（奈良県十津川村　120・6万kw）

■再生可能エネルギー

・堺太陽光発電所（堺市西区　1万kw）

資料2　日米原子力協定　※原文のまま

■日米原子力協定　1988年版

日本国政府及びアメリカ合衆国政府は、1968年2月26日に署名された原子力の非軍事的利用に関する協定のための日本国政府とアメリカ合衆国政府との間の協定（その改正を含む。）（以下「旧協定」という。）の下での原子力の平和的利用における両国間の緊密な協力を考慮し、平和的目的のための原子力の研究、開発及び利用の重要性を確認し、両国政府の関係国家計画を十分に尊重しつつこの分野における協力を継続させ、かつ、拡大させることを希望し、両国政府の原子力計画の長期性の要請を勘案した予見可能性及び信頼性のある基礎の上に原子力の平和的利用のための取極を締結することを希望し、両国政府が核兵器の不拡散に関する条約（以下「不拡散条約」という。）の締約国政府であることに留意し、両国政府が世界における平和的利用のための原子力の研究、開発及び利用が不拡散条約の目的を最大限に促進する態様で行われることを確保することを誓約していることを再確認し、両国政府が国際原子力機関（以下「機関」という。）の目的を支持していること及び両国政府が不拡散条約への参加が普遍的に行われるようになることを促進することを希望していることを確認して、次のとおり協定した。

第一条

この協定の適用上、

(a)「両当事国政府」とは、日本国政府及びアメリカ合衆国政府をいう。「当事国政府」とは、両当事国政府のいずれか一方をいう。

(b)「者」とは、いずれか一方の当事国政府の領域的管轄の下にある個人又は団体をいい、両当事国政府を含まない。

(c)「原子炉」とは、ウラン、プルトニウム若しくはトリウム又はその組合せを使用することにより自己維持的核分裂連鎖反応がその中で維持される装置（核兵器その他の核爆発装置を除く。）をいう。

(d)「設備」とは、原子炉の完成品（主としてプルトニウム又はウラン233の生産のために設計され又は使用されるものを除く。）及びこの協定の附属書AのA部に掲げるその他の品目をいう。

(e)「構成部分」とは、設備の構成部分その他の品目であって、両当事国政府の合意により指定されるものをいう。
(f) 「資材」とは、原子炉用の資材であってこの協定の附属書AのB部に掲げるものをいい、核物質を含まない。
(g) 「核物質」とは、次に定義する「原料物質」又は「特殊核分裂性物質」をいう。
(i) 「原料物質」とは、次の物質をいう。
ウランの同位元素の天然の混合率から成るウラン
同位元素ウラン235の劣化ウラン
トリウム
金属、合金、化合物又は高含有物の形状において前記のいずれかの物質を含有する物質
他の物質であって両当事国政府により合意される含有率において前記の物質の1又は2以上を含有するもの
両当事国政府により合意されるその他の物質
(ii) 「特殊核分裂性物質」とは、次の物質をいう。
プルトニウム
ウラン233
同位元素ウラン233又は235の濃縮ウラン
前記の物質の1又は2以上を含有する物質
両当事国政府により合意されるその他の物質
「特殊核分裂性物質」には、「原料物質」を含めない。
(h) 「高濃縮ウラン」とは、同位元素ウラン235の濃縮度が20パーセント以上になるように濃縮されたウランをいう。
(i) 「秘密資料」とは、(i)核兵器の設計、製造若しくは使用、(ii)特殊核分裂性物質の生産又は(iii)エネルギーの生産における特殊核分裂性物質の使用に関する資料をいい、一方の当事国政府により非公開の指定から解除され又は秘密資料の範囲から除外された当該当事国政府の資料を含まない。
(j) 「機微な原子力技術」とは、公衆が入手することのできない資料であって濃縮施設、再処理施設又は重水生産施設の設計、建設、製作、運転又は保守に係る重要なもの及び両当事国政府の合意により指定されるその他の資料をいう。

第二条

1 (a) 両当事国政府は、両国における原子力の平和的利用のため、この協定の下で次の方法により協力する。

(i)　両当事国政府は、専門家の交換による両国の公私の組織の間における協力を助長する。日本国の組織と合衆国の組織との間におけるこの協定の下での取決め又は契約の実施に伴い専門家の交換が行われる場合には両当事国政府は、それぞれこれらの専門家の自国の領域への入国及び自国の領域における滞在を容易にする。

(ii)　両当事国政府は、その相互の間、その領域的管轄の下にある者の間又はいずれか一方の当事国政府と他方の当事国政府の領域的管轄の下にある者との間において、合意によって定める条件で情報を提供し及び交換することを容易にする。対象事項には、保健上、安全上及び環境上の考慮事項が含まれる。

(iii)　一方の当事国政府又はその認められた者は、供給者と受領者との間の合意によって定める条件で、資材、核物質、設備及び構成部分を他方の当事国政府若しくはその認められた者に供給し又はこれらから受領することができる。

(iv)　一方の当事国政府又はその認められた者は、この協定の範囲内において、提供者と受領者との間の合意によって定める条件で、他方の当事国政府若しくはその認められた者に役務を提供し又はこれらから役務の提供を受けることができる。

(v)　両当事国政府は、両当事国政府が適当と認めるその他の方法で協力することができる。

(b)　(a)の規定にかかわらず、秘密資料及び機微な原子力技術は、この協定の下では移転してはならない。

2　1に定める両当事国政府の間の協力は、この協定の規定並びにそれぞれの国において効力を有する関係条約、法令及び許可要件に従うものとし、かつ、1(a)(iii)に定める協力の場合については、次の要件に従う。

(a)　日本国政府又はその認められた者が受領者となる場合には、日本国の領域内若しくはその管轄下で又は場所のいかんを問わずその管理の下で行われるすべての原子力活動に係るすべての核物質について、機関の保障措置が適用されること。不拡散条約に関連する日本国政府と機関との間の協定が実施されるときは、この要件が満たされるものとみなす。

(b)　アメリカ合衆国政府又はその認められた者が受領者となる場合には、アメリカ合衆国の領域内若しくはその管轄下で又は場所のいかんを問わずその管理の下で行われるすべての非軍事的原子力活動に係るすべての核物質について、機関の保障措置が適用されること。アメリカ合衆国における保障措置の適用のためのアメリカ合衆国と機関との間の協定が実施されるときは、この要件が満たされるものとみなす。

3　直接であると第三国を経由してであるとを問わず、両国間で移転される資材、核物質、設備及び構成部分は、供給当事国政府が受領当事国政府に対し予定される移転を文書により通告した場合に限り、かつ、これらが受領当事国政府の領域的管轄に入る時から、この協定の適用を受ける。供給当事国政府は、通告された当該品目の移転に先立ち、移転される当該品目がこの協定の適用を受けることとなること及び予定される受領者が受領当事国政府でない場合には当該受領者がその認められた者であることの文書による確認を受領当事国政府から得なければならない。

4　この協定の適用を受ける資材、核物質、設備及び構成部分は、次の場合には、この協定の適用を受けないこととなるものとする。

(a)　当該品目がこの協定の関係規定に従い受領当事国政府の領域的管轄の外に移転された場合

(b)　核物質について、(i)機関が、2に規定する日本国政府又はアメリカ合衆国と機関との間の協定中保障措置の終了に係る規定に従い、当該核物質が消耗したこと、保障措置の適用が相当とされるいかなる原子力活動にも使用することができないような態様で希釈されたこと又は実際上回収不可能となったことを決定した場合。ただし、いずれか一方の当事国政府が機関の決定に関して異論を唱えるときは、当該異論について解決がされるまで、当該核物質は、この協定の適用を受ける。(ii)機関の決定がないときにおいても、当該核物質がこの協定の適用を受けないこととなることを両当事国政府が合意する場合

(c)　資材、設備及び構成部分について、両当事国政府が合意する場合

第三条

プルトニウム及びウラン233（照射を受けた燃料要素に含有されるプルトニウム及びウラン233を除く。）並びに高濃縮ウランであって、この協定

に基づいて移転され又はこの協定に基づいて移転された核物質若しくは設備において使用され若しくはその使用を通じて生産されたものは、両当事国政府が合意する施設においてのみ貯蔵される。

第四条
この協定に基づいて移転された資材、核物質、設備及び構成部分並びにこれらの資材、核物質又は設備の使用を通じて生産された特殊核分裂性物質は、受領当事国政府によって認められた者に対してのみ移転することができる。ただし、両当事国政府が合意する場合には、受領当事国政府の領域的管轄の外に移転することができる。

第五条
1　この協定に基づいて移転された核物質及びこの協定に基づいて移転された資材、核物質若しくは設備において使用され又はその使用を通じて生産された特殊核分裂性物質は、両当事国政府が合意する場合には、再処理することができる。
2　プルトニウム、ウラン233、高濃縮ウラン及び照射を受けた物質であって、この協定に基づいて移転され又はこの協定に基づいて移転された資材、核物質若しくは設備において使用され若しくはその使用を通じて生産されたものは、照射により形状又は内容を変更することができるものとし、また、両当事国政府が合意する場合には、照射以外の方法で形状又は内容を変更することができる。

第六条
この協定に基づいて移転され又はこの協定に基づいて移転された設備において使用されたウランは、同位元素ウラン235の濃縮度が20パーセント未満である範囲で濃縮することができるものとし、また、両当事国政府が合意する場合には、同位元素ウラン235の濃縮度が20パーセント以上になるように濃縮することができる。

第七条
この協定に基づいて移転された核物質及びこの協定に基づいて移転された資材、核物質若しくは設備において使用され又はその使用を通じて生産された特殊核分裂性物質に関し、適切な防護の措置が、最小限この協定の附属書Bに定めるところと同様の水準において、維持される。

第八条

1　この協定の下での協力は、平和的目的に限って行う。

2　この協定に基づいて移転された資材、核物質、設備及び構成部分並びにこれらの資材、核物質、設備若しくは構成部分において使用され又はその使用を通じて生産された核物質は、いかなる核爆発装置のためにも、いかなる核爆発装置の研究又は開発のためにも、また、いかなる軍事的目的のためにも使用してはならない。

第九条

1　第八条2の規定の遵守を確保するため、

(a)　この協定に基づいて日本国政府の領域的管轄に移転された核物質及びこの協定に基づいて日本国政府の領域的管轄に移転された資材、核物質、設備若しくは構成部分において使用され又はその使用を通じて生産された核物質は、第二条2(a)に規定する日本国政府と機関との間の協定の適用を受ける。

(b)　この協定に基づいてアメリカ合衆国政府の領域的管轄に移転された核物質及びこの協定に基づいてアメリカ合衆国政府の領域的管轄に移転された資材、核物質、設備若しくは構成部分において使用され又はその使用を通じて生産された核物質は、(i)第二条2(b)に規定するアメリカ合衆国と機関との間の協定並びに(ii)当該核物質の実施可能な範囲内での代替のため又は当該核物質の追跡及び計量のための補助的措置の適用を受ける。

2　いずれか一方の当事国政府が、機関が何らかの理由により1の規定によつて必要とされる保障措置を適用していないこと又は適用しないであろうことを知た場合には、両当事国政府は、是正措置をとるため直ちに協議するものとし、また、そのような是正措置がとられないときは、機関の保障措置の原則及び手続に合致する取極で、1の規定によつて必要とされる保障措置が意図するところと同等の効果及び適用範囲を有するものを速やかに締結する。

第十条

いずれか一方の当事国政府と他の国又は国の集団との間の合意が、当該他の国又は国の集団に対し、この協定の適用を受ける資材、核物質、設備又は構成部分につき第三条から第六条まで又は第十二条に定める権利の一部又は全部と同等の権利を付与する場合には、両当事国政府は、いずれか一方の当事国政府の要請に基づき、当該他の国又は国の集団により該当する権利が実現されることとなることを合意することができる。

第十一条

第三条、第四条又は第五条の規定の適用を受ける活動を容易にするため、両当事国政府は、これらの条に定める合意の要件を、長期性、予見可能性及び信頼性のある基礎の上に、かつ、それぞれの国における原子力の平和的利用を一層容易にする態様で満たす別個の取極を、核拡散の防止の目的及びそれぞれの国家安全保障の利益に合致するよう締結し、かつ、誠実に履行する。

第十二条

1　いずれか一方の当事国政府が、この協定の効力発生後のいずれかの時点において、

(a)　第三条から第九条まで若しくは第十四条に規定する仲裁裁判所の決定若しくは第十一条の規定に従わない場合又は

(b)　機関との保障措置協定を終了させ若しくはこれに対する重大な違反をする場合には、他方の当事国政府は、この協定の下でのその後の協力を停止し、この協定を終了させて、この協定に基づいて移転された資材、核物質、設備若しくは構成部分又はこれらの資材、核物質、設備若しくは構成部分の使用を通じて生産された特殊核分裂性物質のいずれの返還をも要求する権利を有する。

2　アメリカ合衆国がこの協定に基づいて移転された資材、核物質、設備若しくは構成部分又はこれらの資材、核物質、設備若しくは構成部分において使用され若しくはその使用を通じて生産された核物質を使用して核爆発装置を爆発させる場合には、日本国政府は、1に定める権利と同じ権利を有する。

3　日本国政府が核爆発装置を爆発させる場合に

は、アメリカ合衆国政府は、1に定める権利と同じ権利を有する。
4　両当事国政府は、いずれか一方の当事国政府がこの協定の下での協力を停止し、この協定を終了させ及び返還を要求する行動をとる前に、必要な場合には他の適当な取極を行うことの必要性を考慮しつつ、是正措置をとることを目的として協議し、かつ、当該行動の経済的影響を慎重に検討する。
5　いずれか一方の当事国政府がこの条の規定に基づき資材、核物質、設備又は構成部分の返還を要求する権利を行使する場合には、当該当事国政府は、その公正な市場価額について、他方の当事国政府又は関係する者に補償を行う。

第十三条
1　旧協定は、この協定が効力を生ずる日に終了する。
2　旧協定の下で開始された協力は、この協力の下で継続する。旧協定の適用を受けていた核物質及び設備に関し、この協定の規定を適用する。第十一条に定める別個の取極による合意がこれらの核物質又は設備について停止された場合には、当該核物質又は設備は、その停止期間中、旧協定によって規律されていた限度においてのみこの協定の規定の適用を受ける。

第十四条
1　両当事国政府は、この協定の下での協力を促進するため、いずれか一方の当事国政府の要請に基づき、外交上の経路又は他の協議の場を通じて相互に協議することができる。
2　この協定の解釈又は適用に関し問題が生じた場合には、両当事国政府は、いずれか一方の当事国政府の要請に基づき、相互に協議する。
3　この協定の解釈又は適用から生ずる紛争が交渉、仲介、調停又は他の同様の手続により解決されない場合には、両当事国政府は、この3の規定に従つて選定される3人の仲裁裁判官によつて構成される仲裁裁判所に当該紛争を付託することを合意することができる。各当事国政府は、1人の仲裁裁判官を指名し（自国民を氏名することができる。）、指名された2人の仲裁裁判官は、裁判長となる第三国の国民である第3の仲裁裁判官を選任する。仲裁裁判の要請が行われてから30日以内にいずれか一方の当事国政府が仲裁裁判官を指名しなかった場合には、いずれか一方の当事国政府は、国際司法裁判所長に対し、1人の仲裁裁判官を任命するよう要請することができる。第2の仲裁裁判官の指名又は任命が行われてから30日以内に第3の仲裁裁判官が選任されなかった場合には、同様の手続が適用される。ただし、任命される第3の仲裁裁判官は、両国のうちのいずれの国民であってはならない。仲裁裁判には、仲裁裁判所の構成員の過半数が出席していなければならず、すべての決定には、2人の仲裁裁判官の同意を必要とする。仲裁裁判の手続は、仲裁裁判所が定める。仲裁裁判所の決定は、両当事国政府を拘束する。

第十五条

この協定の附属書は、この協定の不可分の一部を成す。この協定の附属書は、両当事国政府の文書による合意により、この協定を改正することなく修正することができる。

第十六条

1　この協定は、両当事国政府が、この協定の効力発生のために必要なそれぞれの国内法上の手続を完了した旨を相互に通告する外交上の公文を交換した日の後30日目の日に効力を生ずる。この協定は、30年間効力を有するものとし、その後は、2の規定に従って終了する時まで効力を存続する。

2　いずれの一方の当事国政府も、6箇月前に他方の当事国政府に対して文書による通告を与えることにより、最初の30年の期間の終わりに又はその後いつでもこの協定を終了させることができる。

3　いかなる理由によるこの協定又はその下での協力の停止又は終了の後においても、第一条、第二条4、第三条から第九条まで、第十一条、第十二条及び第十四条の規定は、適用可能な限り引き続き効力を有する。

4　両当事国政府は、いずれか一方の当事国政府の要請に基づき、この協定を改正するかしないか又はこの協定に代わる新たな協定を締結するかしないかについて、相互に協議する。

資料3　日本の原子力開発・利用

※地名、肩書きなどは当時

「核兵器は悪・平和利用は善」という構図（戦前～1950年代）

原子力産業会議の編集した「原子力年表」には、1934年のキュリー夫妻による人工放射能の発見から原子力開発の歴史が刻まれている。日本においても、当時の世界の動向とほぼ並行して、主に学問（原子物理学など）の分野で原子力関係の研究が行われていた。第二次世界大戦の勃発とともに、各国における原子力研究は新型爆弾（核兵器）開発への取り組みに重点を置かざるを得なくなっていく。日本はその途上で大戦中の開発を断念したが、アメリカは原爆の製造に成功。そして45年、広島・長崎への原爆投下に至る。それまで研究者や軍部などごく限られた人々の関心にすぎなかった原子力が、広島・長崎の惨禍によって初めて日本の国民の前に具体的に姿を現したのであった。敗戦とともに、日本の原子力研究・開発は中断を余儀なくされる。占領軍によって、それまでの研究施設や機器の多くが破壊され、47年2月には占領軍の極東委員会が日本の原子力研究の禁止を決議した。その一方で、原子力利用に対する期待と関心は各界で高まっていたようだ。新聞などは原子力時代の到来を宣言し、同時に原爆によって強烈に印象づけられた原子力の「負のイメージ」に対し、医療をはじめとした科学技術に貢献し得るという「正のイメージ」を強調するようになっていく。

49年11月、湯川秀樹がノーベル物理学賞を受賞。日本国中を歓喜の渦に巻き込んだ。湯川の受賞は、敗戦後の日本社会に大きな希望の光を与えると共に、日本の原子力研究の水準の高さを世界に示すことになった。そして翌年7月には、禁止されていた原子力研究が再開される。ところで、当初から原子力研究については二つの大きな流れがあった。あくまでも基礎的な研究を重視するというものと、原子力発電などを視野に入れた実用化を早期実現しようとするものである。前者は主に学界で、後者は政界、財界、そして一部学界で主張された。一方、この時期にはアメリカ、イギリス、ソ連（当時）で、原爆や水爆の製造に関わる核実験が頻繁に行われていた。核軍拡競争に対する不安や批判が高まる中で、アイゼンハワー米大統領が国連総会で原子力の平和利用を呼びかけたのが53年12月であった。

　54年は、日本の原子力政策にとって大きな転換点となる。3月2日、改進党（当時）の中曽根康弘らが予算修正案として原子炉構築予算2億3500万円を突如提出したのだ。原子炉を構築するための何ら具体的計画がない時点での予算提出について、中曽根は日本学術会議のメンバーに「学者がぐずぐずしているから、札束で頬をひっぱたくのだ」と語ったという。原子炉構築予算を含んだまま4月3日、54年度予算は可決成立した。

　原子炉予算が突如提出されたほぼ同時期、もう一つの大事件が起こっていた。3月1日、南太平洋ビキニ環礁の近くで操業していた漁船「第五福竜丸」が、アメリカの水爆実験による放射能を浴びてしまったのだ。被災した乗組員には放射線障害が現われ、同年9月、無線長の久保山愛吉が死亡する事態となった。しかも、度重なる各国の核実験の影響で、日本各地で放射能を含んだ雨が観測されるようになる。核実験および核兵器に反対する世論が、またたく間に広がり日本全国を覆っていった。東京・杉並区の主婦らによって始められた原水爆禁止の署名運動は、同年末までに2000万人を超えるに至る。原子力の軍事利用に対する批判が高まる一方で、平和利用に対する取り組みは原子炉構築予算成立を契機に本格化していく。政界の強引な手法に反発が強かった学界も、結果的に原子力開発へとなだれ込んでいった。原子炉構築予算提出を受けて日本学術会議が4月、軍事転用の危険性に対する歯止めとして、核兵器研究の拒否と「民主・自主・公開」の三原則を声明したことによって、軍事利用と平和利用が明確に区別出来ると認識されたのだった。この当時の状況を、朝日新聞の科学部長を務めた経験がある柴田鉄治は「現時点で考えてみると、原子力という一つの技術の両面である平和利用と軍事利用を、すぱっと二つに分離して、一方への期待と他方への憎悪を同時並行的にふくらませていったのは、不思議な気がしないでもない。しかし、当時の国民の意識では、それが矛盾でもなんでもなかった」と、著書『科学報道』（朝日新聞社、94年）で述懐している。また柴田は、当時の原子力に対するイメージについて「『原子力』という言葉が、いかに明るく、力強いイメージを持っていたか、それは、55年秋の新聞週間の標語に『新聞は世界平和の原子力』というのが選ばれたことでも明らかだろう。少しでもマイナス・イメージがあったり、国民の間に意見の対立があったりしたら、こんな標語が選ばれるはずはないからである」とも述べる。「原子力」という用語は平和利用の象徴となり、「核兵器」あるいは「核」とは完全に切り離されたのであった。

原子力の平和利用の中身については、特に産業利用の面において、石炭危機を背景に「原子力発電」が既に脚光を浴びていた。54年は、日本の原子力発電の実用化に向けた事実上のスタートの年でもあった。以後、55年11月の日本原子力研究所の設立、同年12月の原子力三法の公布、56年1月の原子力委員会と総理府原子力局の発足、3月の原子力産業会議の発足、5月の科学技術庁の発足、57年6月の原子炉等規制法・放射線障害防止法の公布と、実用化に向けた動きは迅速かつ着実に進められていく。原子力発電の実用化のためには、研究機関はもちろん、国の担当官庁の設置や法整備が必須だったからである。また、経済界も電力会社のみならず、金融、保険、マスコミまで含めて、多くの業界が推進のための協力体制を作り上げていった。

そして、57年8月、茨城県・東海村の日本原子力研究所で、アメリカから輸入した研究炉（JRR－1）が臨界に達した。日本で初めて「原子の火」が灯った瞬間だった。JRR－1臨界の後、原子力発電の実用化に向けた動きはさらに加速していく。57年11月に商業用原子炉の建設を目的とした株式会社・日本原子力発電が発足し、東海村に発電所を建設することを決定。58年9月には日本原子力研究所が東海村で念願の国産原子炉1号炉の建設を始める。そして59年12月、イギリスから輸入するコールダーホール型原子炉（軽水炉では減速材に水を利用するが、水の代わりに黒鉛を用いた原子炉）による日本原子力発電の東海原発1号炉に設置許可が下りた。また原子力発電の開発に加え、58年8月には日本原子力船研究協会が発足し、原子力船開発も着手されていった。当時において既に、世界各国の原子力施設で事故が相次いでいたにも拘わらず、安全性をはじめとした原子力発電そのものに対する疑問や批判する世論は、ほとんどなかった。

「必要性」と「安全性」の強調（1960年代）

60年7月、原子力委員会が世界の動向をある程度反映した「原子力開発利用長期基本計画の基礎となる考え方」を決定した。この時期は、原子力発電に向けた動きが着々と進む一方で、フランスも原爆実験を行うなど各国の核実験が盛んに行われていた。61年にはソ連の核実験の影響と見られる放射能雨が国内で観測され大きく問題化した。だが、原子力の「負のイメージ」が一段とクローズアップされる反動で、平和利用に対する期待はますます高まっていった。そのような中で62年9月、日本原子力研究所の国産1号炉（JRR－3）が臨界する。この頃から、民間の電力会社の原発建設計画も次々と浮上してくる。そして63年10月26日、原子力研究所の動力試験炉（JPDR）が日本初の発電試験に成功した（この日を記念して、毎年10月26日は「原子力の日」と定められた）。

またこの時期から、原子力委員会などを中心に核燃料サイクルの確立に向けた動きが具体化してきた。原子燃料公社（後の動力炉・核燃料開発事業団）が岡山県・人形峠にウラン鉱を発見（63年3月）し、ウランの試験精錬所を建設（64年7月）、さらには茨城県・東海村に使用済み核燃料再処理工場を建設する計画が進められていた。そして65年5月、日本原子力発電の東海原発1号炉が臨界し、11月には初の営業用原子力発電に成功する。東海原発の営業運転開始前後、各電力会社が原発建設に向けた動きを本格化させていた。66年6月に、東京電力の福島原発、関西電力の美浜原発の設置許可が申請され、12月にはそれぞれ許可されるなど、民間の活動が活発になっていく。民間の電力会社が原発建設のための用地拾得を盛んに行っていた最中、中部電力が三重県・南島町、紀勢町にまたがる芦浜海岸に建設しようとした芦浜原発計画が、地元漁民などの激しい反対に遭って難航するという事態が持ち上がっていた。そして66年9月、衆議院科学技術振興対策特別委員会の中曽根康弘理事らが現地視察を行おうとしたところ、漁民の反対デモのために紀伊長島町の沖合で立ち往生し断念させられるという「長島事件」が起こる。それまでにも、茨城県議会が核燃料再処理工場の東海村設置に対して反対決議を上げる（64年12月）

など、原子力施設の受け入れに対して反対する動きはあったのだが、「長島事件」はそれが全国的な関心事となった最初のケースとなった。

67年以降、東京電力・福島原発、関西電力・美浜原発、日本原子力発電・敦賀原発が相次いで着工され、他の電力会社も続々と建設計画を発表していく。一時もたついていた原子力船（母港の名にちなみ「むつ」と命名された）開発計画も、母港の決定（67年9月）、岸壁の起工（68年5月）、船体の着工（68年11月）、そして皇太子妃（当時）の手による進水（69年6月）と、着実に前進していた。だが、国民の意識の中では原子力ブームに翳りが出始めていたのである。68年3月に内閣広報室が行った原子力問題に関する世論調査で、原子力平和利用については58％が賛成、反対はわずか3％に過ぎなかったのだが、原発が絶対に爆発事故を起こさないという点については、「信用している」が19％、「信用しない」が34％、「わからない」が28％という回答だった。69年3月、国民の不安が現実となって現われる。日本原子力研究所の国産1号炉で、燃料棒破損事故が続発していたことが明るみに出たのだ。しかも、衆議院科学技術振興特別委員会で追及されるまでひた隠され、それを職場新聞で暴露した職員が密かに処分を受けていた。

原発が抱える問題点の露呈（1970年代前半）

70年3月に大阪で万国博覧会が開幕し、同時期に営業運転を開始した日本原子力発電・敦賀原発から初の送電が行われるという華やかな空気に包まれて、70年代の原子力開発は幕を開けた。そして東京電力・福島原発、関西電力・美浜原発が臨界、営業運転を開始し、新規の原発の計画、着工が次々と具体化されるなど、原発建設の動きが加速していく。東京電力と東北電力が、青森県・東通村に20基の原発を建設し、日本最大の原子力発電センターにする計画を発表したのもこの頃であった。だが一方で、原子力を取り巻く社会環境は徐々に厳しくなりつつあった。60年代後半に顕在化した四日市公害をはじめとする公害・環境問題が、巨大科学技術の開発について疑問や批判を生み出し、それが原発に対して向けられるようになっていたからである。

また71年3月には、日本放射性同位元素協会が

55年から千葉県舘山沖に、将来的な処分のためのテストという名目で、原発以外の研究機関や医療機関などで生じた放射性廃棄物を投棄し続けていたことが発覚した。一方、大型の商業用原発の稼働が世界的に増えるに従って、事故やトラブルの発生が相次ぐようになる。もちろん、日本国内も例外ではなかった。そのような中で71年5月、アメリカの原子力委員会がテスト中の軽水炉の緊急用炉心冷却装置（ＥＣＣＳ）について欠陥を確認したため、原発に対する不安は急速に高まっていった。７月に日本原子力発電の東海原発で放射線被曝事故が起こる。

この頃はまた、原子力施設に反対する動きが各地で活発化していた。茨城県漁連が東海村の再処理工場建設反対で知事に陳情（70年8月）、三重県熊野市が中部電力の原発計画に正式に拒否を表明（71年3月）、新潟県柏崎市の荒浜地区で東京電力の原発計画に対する住民投票が行われ76％が反対（72年7月）、北海道岩内町議会が北海道電力の原発建設に対して反対決議（同）、四国電力・伊方原発の設置に伴う安全審査に対して住民が行政不服審査法に基づき異議申し立て（73年1月）、日本原子力発電・東海原発2号炉の設置許可取消を求め住民が異議申し立て（同年2月）、そして四国電力・伊方原発の設置許可取消を求めて住民が提訴（73年8月）と続く。国も従来の姿勢に変化を見せ、73年9月には東京電力・福島第二原発について初めての公聴会を開くなどして対応する。しかし、新規の原発の着工、運転開始のペースが衰えることなく続けられたため、原発反対の気運は高まる一方であった。

原子力開発に一種の沈滞ムードが漂い始めた矢先の73年10月、オイルショックが起こった。12月に石油緊急事態宣言が出されるに至って、原子力開発は再び息を吹き返す。当時、首相の田中角栄が国会で「「石油問題がここまで来たら原子力問題、原子力発電というものがどんなに必要であるかという必要性に対しては、もうまったく議論がないところに至った訳でございます」と演説し、原発の安全性についても「政府が責任を持ちます」」と断言した。国が原発の全面支援を約束したわけだ。この発言の直後、科学技術庁は翌年度の原子力関連予算について、３００億円の追加要求を表明している。

国は、通産省を中心に太陽エネルギーなどの新しいエネルギー技術の開発を目指す「サンシャイン計画」を提示する一方で、原発促進の姿勢を一層強めていった。74年6月には、原発の立地を促進するために電源開発三法案を公布している。エネルギー危機を背景に推進の勢いが加速されたかに見えた原子力開発であったが、74年9月に思いもよらぬ出来事に見舞われる。地元の住民の反対を押し切って強行出港した原子力船「むつ」が、原子炉の出力上昇試験中に洋上で放射線漏れ事故を起こしてしまったのだ。原子炉の出力を約1・4％まで上げたところで、原子炉を覆う遮蔽体の隙間から放射線（高速中性子）が漏れ出し、警報が鳴ったのである。

「むつ」は、10月にようやく地元の同意を得て再び母港に戻るまでの1ヶ月余り、太平洋上で漂流する憂き目に遭う。「むつ」の事故と前後して、国内で稼働中の原発でも大きなトラブルが続発していた。74年7月には関西電力・美浜原発1号炉で蒸気発生器細管が破損（以後、6年間運転を停止）。10月には東京電力福島原発1号炉で配管にヒビ割れが発生（以後、他の同型炉で同様のトラブルが続発）。そして75年1月には日本原子力発電・敦賀原発で13トンに及ぶ放射能濃縮廃液が流出し、関西電力・美浜原発2号炉が蒸気発生器の故障で運転停止となるなど、原子力に対する不安を増幅するような出来事が相次いだ。それに伴い、原発反対の運動も激しさを増し、75年8月には京都に各地の反対運動の代表などが集まり、初の反原発全国集会が開かれている。

スリーマイル原発事故（1970年代後半）

76年2月にアメリカのジェネラル・エレクトリック社の幹部技術者が、原発の危険性を内部告発して辞職。後に上下両院原子力合同委員会で、「私たちの考えでは、原発は必ず大事故を起こす。残る問題はそれがいつ、どこで起こるかということだ」と証言した。原発をめぐる論争は、安全性に対する問題提起から危険性の指摘へと、さらに一段と深刻化することになる。5月にはスウェーデンで反原発国際会議が開かれ、6月にはフランスでラ・アーグ再処理工場建設に反対する1万人のデモが行われるとともに、アメリカ・カリフォルニア州で原発規制に関する住民投票が初めて行われるなど、世界的にも反原子力の気運が高まっていった。

原発をめぐる様々な政策は後手に回りがちであったが、廃棄物処理に関しては国や電力業界もようやく動きを見せ始めた。76年10月には、原子力委員会が「放射性廃棄物の基本方針」を決定し、電力業界は使用済み核燃料の海外再処理委託の方針を打ち出している。だがその直後の12月、関西電力・美浜原発1号炉において燃料棒折損事故が起こっていたにも関わらず、4年間隠ぺいされていた事実が明らかになった。これが、国内の反原発の動きをますます加速させる。その頃は、国内外において原発反対運動が一層の盛り上がりを見せていた。ざっと見渡しただけでも、オーストリアで「核のない未来のためのザルツブルク会議」（77年4月）、スペインで12万人が参加した反原発デモ（同年7月）、茨城県・水戸市で再処理工場試運転停止要求全国総決起集会（同年10月）、全国各地で第一回「反原子力の日」（同）、鹿児島県・川内市民等が川内原発建設許可取消を求めて異議申し立て（78年2月）、山口県・豊北町で原発反対を掲げる町長が誕生（同年5月）、柏崎・刈羽原発建設をめぐり地元住民が新潟県知事を相手に行政訴訟を提起（同）、オーストリア国民投票で原発運転を停止（同年11月）と、様々なアクションが起こされた。

一方で、原発推進の動きも鈍ることはなかった。新規原発の着工、運転開始が続いていたことに加え、東海村の再処理工場が運転を開始しプルトニウムを初抽出（77年11月）、初めての自主開発による新型転換炉「ふげん」が臨界（78年3月）と、核燃料サイクル実現に向けた動きも活発化していた。78年8月に東海村の再処理工場で大規模な放射能漏れが起こる事故があったものの、原発推進は着実に進められていたと言えよう。原発の安全性をチェックするために、新たに原子力安全委員会が発足（78年10月）するなど、政策推進のための体制も整備されつつあった。

79年2月、イラン革命に端を発して第二次オイルショックが発生したことから、エネルギー情勢が悪化し再び原発の必要性が声高に訴えられようとしていた。ところが3月、アメリカペンシルバニア州のスリーマイル島原発（ＴＭＩ）で、放射能を含んだ蒸気が噴出するという大事故が起こる。発生当時は明らかにならなかったが、その後の調査で炉心の核燃料の半分近くが溶融し、残りの部分の大半がこなごなに崩れていることがわかり、当時としては史上最悪の原発事故となった。原発の危険性が現実のものとなったわけで、TMI事故は日本はもちろん、世界中を震撼させる。TMI事故が日本の原子力政策に与えた影響は絶大で、発足したばかりの原子力安全委員会が、電力業界などの反対を押し切って国内の同型炉の運転停止措置を取り、原発が事故を起こした場合の防災対策を政府がまとめるなど、「原発は安全」という前提のためになおざりにされてきた対応が、少しずつ具体化するようになっていく。

アメリカ・ワシントンで10万人の反原発集会（5月）、西ドイツ（当時）・ボンで15万人の反原発集会（10月）が開催されたりと、世界的に反原発のうねりが広がる一方で、国内では事故を過小評価しようとする、あるいは「日本では起こり得ない」と考えようとする動きがあった。しかし、7月には関西電力・大飯原発1号炉でECCSが商業用原発史上初の誤作動が起き、11月には関西電力・高浜原発1号炉で大量の冷却水漏れ事故が起きるに至って、原発の危険性は決してアメリカのみの問題ではないことが明らかとなる。特に高浜原発の場合は、TMI事故と酷似したケースであった上に、あふれ出た冷却水の量はTMIを上回っており「あわやスリーマイル」と言っても決して過言ではない重大事故だった。

強まる原子力行政への批判（1980年代前半）

80年代は、1月に福井県高浜町で行われた初めての公開ヒアリングで幕を開けた。公開ヒアリングは、原子力安全委員会が安全行政における重要な柱として打ち出した制度で、従来の公聴会の形を一歩進めた対話方式を採用し「原子力行政に地元住民の声を反映させる場」と位置づけられていた。原発に対する疑問や不安の声が高まり新規立地や増設が困難になりつつあった中で、国が現状を打開するために出した方策の一つにすぎないという見方もあった。公開ヒアリングを反対運動側はボイコットで対応した。原発の建設を前提としたそのやり方は、住民の声を聞いたという既成事実を作るためのセレモニーでしかない、というのがその主な理由であった。その後に開かれた公開ヒアリングでも、反対運動側は参加をボイコットし、開催の阻止を訴えるという対応を続ける。
さて、80年3月にスウェーデンで原発問題に関わる国民投票が行われた。ＴＭＩ事故以後初めての原発国民投票ということで注目を集めたが、「安全面に注意を払って原発を推進するものの25年後には廃止する」という条件付き賛成案が多数を占めた。６月には同国議会が２０１０年までの原発全廃を決議する。既に世界的には原子力開発が退潮のきざしを見せ始めていたのだった。国内的にも１９８１年3月、高知県窪川町で原発誘致を図った町長が住民によってリコールされるという事態が起こった。4月に行われた町長選挙では、リコールされた町長が返り咲いたが、原子力行政に対する批判の声はますます強まっていく。

この時期にはまた、稼働中の原発の事故やトラブルに加え放射性廃棄物処理をめぐって、国の原子力政策が暗礁に乗り上げていた。放射性廃棄物のうち低レベル放射性廃棄物について、国は廃棄物を詰めたドラム缶などを埋め立てにする陸上処分と、それらを海溝などの深海に投棄する海洋処分の二本立ての方針を打ち出して主に後者に力点を置いていたのだが、試験的海洋投棄を実行に移す段階で該当国などの猛反発に遭ってしまったのだ。グアム島に派遣した政府代表団が地元の説得に失敗（80年8月）。科学技術庁が小笠原村で説明会を開いたものの直後に同村議会が反対決議（同年9月）。北マリアナ連邦共和国代表団が科学技術庁長官に海洋処分中止を要請（81年5月）するなど、国の方針に待ったをかける動きが相次ぐ。その後、海洋処分に対する内外の批判は高まる一方となっていった。

81年4月、原子力政策が抱える問題点を一挙に噴出させるような出来事があった。日本原子力発電の敦賀原発が放射能漏れ事故を起こしたのだ。それまでに他の原発などで起こっていた放射能漏れのトラブルがすべて施設内だったのに対して、敦賀原発の場合は付近の海草や土砂などから異常に高い放射能が検出されたため大問題となった。敦賀原発に関しては、この事故の直前に冷却水漏れ事故を起こしながら報告もせず、原子炉を運転したままこっそりと応急修理をした上に隠蔽工作まででしていたという事実が発覚していた。さらに、放射能漏れ事故の原因究明が進む過程で次々と新たな「事故隠し」が明るみに出たために、マスコミは事故報道としては異例の大量報道を長期にわたって続ける。「外部に漏れた放射能は人体に影響のない極微量であるのに騒ぎ過ぎではないか」との批判が出たほどであった。約2カ月後に通産省が6カ月の運転停止命令を出した時点で報道は一応収束した。敦賀原発事故は、国内で初めて環境中に放射能が漏れた事故だったため、国民にも大きな衝撃を与えた。通産省（当時）は、日本原子力発電に対し、敦賀原発を6カ月運転停止とする処分を行ったうえ、電気事業法違反での告発を検討したが、最終的に見送られている。

チェルノブイリ原発事故の衝撃（1980年代後半）

原発が抱える多くの潜在的な問題が明らかになり、国の政策に対する批判の声がいっそう強まるかたわらで、原子力開発推進の動きは鈍るどころかますます加速していた。原発自体も、新規立地が次第に困難になっていたとはいえ、既存の立地点における増設という形で着実に基数を増やしつつあった。85年10月には、高速増殖炉の「もんじゅ」も着工された。その上で、原子力開発の要とされる核燃料サイクル施設の計画がいよいよ本格的に動き始めたのである。84年1月に電力業界が核燃料サイクル施設の建設構想を発表、4月には電気事業連合会が青森県知事に施設の立地を要請し、その後に六ヶ所村が立地点として選ばれると、7月に青森県と六ヶ所村に対して正式に申し入れを行ったのだ。青森県知事は、要請を受けた直後に専門家会議を組織し施設の安全性を答申したが、同会議はわずか7カ月余りで「施設の安全性は基本的に確立し得る」とする報告書を発表。それを受けて85年1月にまず六ヶ所村が、続いて4月に青森県が施設の受け入れを決定し、事業者である日本原燃産業と日本原燃サービスとの立地基本協定調印に至ったのであった。

核燃料サイクル施設の建設構想は、日本の原子力開発関係者の間でかなり古くからその重要性が認識されていた。だが、大量の放射性物質が集中するという施設の性格上、国内に適切な敷地を確保することが難航してきたという経緯がある。それが一気に具体化することとなったわけだ。当然、地元住民を中心として激しい反対運動が起こった。85年1月には、施設の立地の諾否を県民投票で決めるべきだとした直接請求署名運動が起こり、県議会の立地受け入れ決定の直前に9万3000人余りの署名が提出された。12月に行われた六ヶ所村の村長選挙では、受け入れを決めた現職の圧倒的優位が予想されたにもかかわらず、施設に反対する候補者が投票総数の3割余りの得票をして善戦する。

しかし、86年4月、原子力開発推進側に漂い始めていた楽観ムードを吹き飛ばす巨大原発事故が起こる。ソ連（当時）のチェルノブイリ原発4号炉で核暴走爆発事故が発生したのだ。環境中に大量の放射能が放出され、それが周辺各国はもとより数千キロ離れた日本にまで降り注いだのである。外国の原発事故であったことに加え、ソ連からの情報がなかなか伝わらなかったために、事故直後には被害の状況などの詳細はほとんど不明であった。言うまでもなく、チェルノブイリ原発事故は国民に計り知れない影響を与えた。それは、86年8月に朝日新聞が行った世論調査の結果に早々と現れる。原発に関する世論調査に対して、41%が反対、34%が賛成と答えたのであった。それまで7回行われた世論調査では、常に賛成が反対を上回っていたのであったが、それが逆転したのだ。そして原発反対運動が、それまで原発に関心を持っていなかった人々の参加をも含め、大きなうねりとなって全国各地に広がっていった。フィリピン政府が建設中の原発の未稼働廃炉を決定（86年4月）、スイス議会が新規の原発計画の破棄を決定（87年10月）、イタリアが国民投票で原発政策の消極化を選択（同年11月）するなど、この時期は世界的にも原子力開発は後退する傾向が強まっていた。国内においても、88年1月に高知県窪川町長が原発誘致を断念して辞任し、3月には和歌山県日高町における関西電力の原発建設計画が住民の反対によって事実上中止となるなど、原発の新規立地がますます困難になっていく。さらに8月、岡山県・人形峠周辺にウラン採掘の際に出た大量の残土が放射能を帯びたまま放置されていたことが発覚し、原子力開発に関わる新たな問題も浮上した。採掘現場では、土砂と共にウラン鉱石を掘り出し、土砂をふるい落として鉱石のみを製品として出荷されるが、その土砂にもわずかながら細かなウラン鉱石が混じってしまうため、放射能を帯びてしまう。これらの土砂は、ウラン残土と呼ばれる。人形峠のみならず、岐阜県・東濃鉱山をはじめ世界各地のウラン採掘現場では、ウラン残土による環境汚染が大きな問題となっていた。

にもかかわらず、六ヶ所村の核燃料サイクル施設の建設をはじめとして、国は原子力開発をほぼスケジュール通りに着々と進めていた。また、原発の必要性を訴えるPRの中で、従来のエネルギー対策という理由に加え、地球温暖化問題に絡めた「二酸化炭素を出さない原子力発電はクリーンなエネルギー源」というメリットを強調し始めたのであった。

美浜原発ギロチン破断事故（1990年代前半）

90年3月、青森県むつ市の関根浜港で原子力船「むつ」の原子炉出力上昇試験が行われた。「むつ」は自民党科学技術部会が一旦は事実上の廃船を決定（84年1月）したにもかかわらず、存続を主張する国会議員や青森県の働きかけによって生き残り続けていたのだ。洋上で放射線漏れ事故を起こして以来、16年ぶりに「むつ」の原子炉に火が灯ったのであった。この後、「むつ」は洋上での出力上昇試験などを経て、92年2月の実験終了宣言まで合計4回の実験航海を行った上で廃船となった。以後、新たな原子力船の建造計画はない。

様々なトラブルを起こしながらも、国は科学技術庁（当時）が出していた原子力白書の中などで「重大な炉心損傷の発生確率は、一つの原子炉あたり10万年に1回以下と評価できる」と、原発の安全性強調していた。だが91年2月、関西電力の美浜原発2号炉で蒸気発生器細管のギロチン破断事故が起こる。この事故は、格納容器の中の蒸気発生器の細管が金属疲労によって完全に破断したため、二十数トンの一次冷却水が漏出したと推定されている。ＥＣＣＳが作動して原子炉が空だきになるという最悪の事態は免れたものの、放射能を帯びた冷却水が大量にあふれるなど、後の評価で、当時は日本の原発史上最悪の事故とされるほどであった。同種の事故は、既に他国の原子炉では度々起こっていたのだが、原子力関係者はよもや国内の原発で発生するとは予想もしていなかったため大きな衝撃を受ける。

美浜原発の重大事故に続き、同年12月には東京電力の福島原発の元労働者の白血病死に初めて労災認定がされるなど、原発を取り巻く状況が厳しさを増していたにもかかわらず、国は原子力開発の手をゆるめようとはしなかった。核燃料サイクル施設の建設も着実に進み、ウラン濃縮工場（92年3月）と低レベル放射性廃棄物埋設施設（同年12月）が相次いで操業を開始する。特に後者の操業は、全国各地の原子力施設内にたまり続けていたドラム缶の受け皿が出来たことを意味し、原子力開発が抱えていたネックの一つが解消されたとして原発推進側に大歓迎された。93年1月には、フランスに委託していた再処理によって取り出されたプルトニウムが、専用輸送船「あかつき丸」によって日本に返還されている。輸送ルート等は極秘扱いであったが、最初の輸送で「あかつき丸」は茨城県・東海港に入港した。

国内最悪の臨界事故（1990年代後半）

95年4月、フランスから再処理によって生じた高レベル放射性廃棄物が初めて返還され、六ヶ所村の施設内に搬入された。これまでの原子力開発の中で先送りされてきたツケの返済が始まったわけだ。一方、この頃から国の原子力政策にもほころびが出始める。同年7月、電気事業連合会がコスト高を理由に、国家プロジェクトとして進めていた青森県大間町への新型転換炉建設を中止するように国などに申し入れたのだ。結局、国は新型転換炉建設計画を改良型軽水炉建設計画に変更することになる。新型転換炉は高速増殖炉へのつなぎの原子炉として日本が独自に開発したものだったが、この実用化が中止されたことによりプルトニウムの消費計画に大きな誤算が生じてしまった。各国が日本のプルトニウム備蓄に神経をとがらせていた最中、国は大きな打撃を受けることになる。

さて、急がれている高レベル放射性廃棄物の処理・処分において、その研究主体である動燃が重大事故を起こしてしまった。95年12月、高速増殖炉「もんじゅ」でナトリウム漏れによる火災事故が発生したのだ。

しかも、事故現場のビデオ映像を肝心の部分を削除して公表するなど、数々の「事故隠し」が発覚する。「もんじゅ」の事故は、現場の映像などから伝わる衝撃と動燃の「事故隠し」の行為によって、大きな波紋を広げた。96年4月、原子力委員会が「原子力政策円卓会議」を設置し初会合を開くなどして、国は広く「反対派」の声も含めて意見を求めるという姿勢を示したが、原子力開発に対する批判はますます強まっていく。96年8月には新潟県巻町で東北電力の原発計画に対して国内初の住民投票が行われ、原発反対が過半数を占めた。そして、97年3月、動燃がまたもや重大な過失を犯してしまう。東海村再処理工場での火災・爆発事故である。この事故は、後に国内の原子力施設における最悪レベルの事故と評価された。しかも、「もんじゅ」事故と同様に動燃による様々な「事故隠し」や「通報遅れ」が明らかになった上、翌月には今度は福井県敦賀市の動燃の新型転換炉「ふげん」でトリチウム漏れ事故が発生。その際にも「通報遅れ」が発覚するなど立て続けに動燃は失点を重ねた。結果的に98年、動燃は解体され核燃料サイクル開発機構に改組されている。

97年9月に、内部告発により原発の配管溶接工事における記録のごまかしが発覚。さらに99年7月、敦賀原発2号炉で大量の冷却水漏れ事故が起きるなど、深刻なトラブルや事故が相次いだ。そして20世紀も終わりが近づいた99年9月、茨城県東海村のＪＣＯ（ジェイ・シー・オー）のウラン加工施設で臨界事故が起こった。国内初の臨界事故であると共に、原子力施設で初めて被曝による死者が出たため、国内最悪の「レベル４」の事故となり、人々に大きな衝撃を与えたのであった。

ところで、「もんじゅ」の火災事故によって、日本のプルトニウム利用計画に大きな狂いが生じたため、90年代後半から、余剰プルトニウムを消費する手段の一つとして、通常はウランを用いる軽水炉で、従来のウラン燃料にプルトニウムを混ぜて利用するプルサーマルの具体化が急速に進められていた。97年2月、プルサーマルを含めた核燃料サイクルの推進が閣議決定され、翌年2月には関電が福井県と高浜町に対して、高浜原発３、４号機でプルサーマルを実施する事前了解を願い出ている。プルサーマルのメリットは、単にプルトニウムを消費できるということでしかなく、ウラン燃料を使用する前提で設計された軽水炉での実施には、安全性からも問題があるという指摘がなされていた。しかし99年6月、福井県と高浜町は事前了解をし、翌月からイギリス製のＭＯＸ燃料の高浜原発４号機への搬入が開始された。しかし９

月になって、イギリスで製造中の3号機用のMOX燃料について検査データ不正問題が発覚。JCOの臨界事故も影響し、プルサーマル計画は大きく遅れることになった。

福島第一原発事故へのカウントダウン（2000年代）

21世紀を迎えて早々の2000年2月、三重県知事が同県南島町・紀勢町に建設が計画されていた芦浜原発について白紙撤回を表明した（後に中部電力が正式に断念）。また6月、ドイツ政府と電力業界が脱原発を合意、01年5月には新潟県刈羽村の住民投票で、柏崎刈羽原発におけるプルサーマル計画反対が過半数を占め、同年11月には浜岡原発1号炉で緊急炉心冷却システム系配管の断裂事故が発生している。さらに02年8月、東京電力が原発の自主点検で結果の虚偽記載をしていたことが発覚したのを皮切りに、過去に電力会社が事故やトラブルを隠蔽したり、データをごまかして記載するなどしていた事実が次々と明らかになった。

配管事故が続く原因には、高温・高圧の水が流れることによる金属疲労と考えられている。もともと必要最小限の厚みで作られており、強度を優先して設計されてはいない。

そして04年8月、美浜原発3号炉で配管が破断し、高温高圧の蒸気を浴びた作業員5人が亡くなり、6人が重傷を負う原発史上最悪の事故が発生した。この事故に関する責任問題で、経営陣一新がなされなかった関電の人事に対して、世論からは厳しい批判の声が上がっている。また、00年10月の鳥取県西部地震、03年5月の三陸南地震、04年10月の新潟県中越地震、05年8月の宮城県沖地震等々、原発周辺で比較的大きな地震が起き、原子炉の停止などが相次いだ。07年7月の新潟県中越沖地震では、柏崎刈羽原発で火災などのトラブルが多発し原発自体に被害を与えている。一方、07年3月には、志賀原発1号炉と福島第一原発3号炉が過去に臨界事故を起こしていたことが明らかになった。JCOの臨界事故が当時「国内初」とされていただけに、それ以前に、しかも原発で臨界事故が起こっていたという事実は人々の衝撃を与えた。このように、原子力開発・利用を取り巻く状況は厳しさを増していくのであった。

しかし、国の原子力政策は21世紀に入っても大きく変更されることはなかった。地球温暖化対策を名目に、原発の増設を図ろうとさえしていたのである。原発推進の動きは止まらず、00年11月、自民・公明・保守の与党三党の議員提案によって、原発周辺地域への振興策を一段と手厚くする「原子力発電施設等立地地域の振興に関する特別措置法案」が衆議院を通過した。１９９５年の火災事故以来、運転を停止したままであった高速増殖炉「もんじゅ」についても、２００１年６月に運転再開に向けた改造の許可申請が出されるなどしている。05年10月、国はこれまでの原子力開発利用長期基本計画（原子力長計）に代わって「原子力政策大綱」を発表したが、その内容はほとんど従来の方針を踏襲したものであった。プルサーマル計画も次々と具体化され、09年11月には玄海原発3号機、10年3月には伊方原発3号機、10月には福島第一原発3号機がプルサーマルによる営業運転を開始している。遅れていた関電の高浜原発３号機も、12月にはプルサーマルによる試運転を開始した。そうした状況の延長線上で起こったのが、福島第一原発事故だったのである。

資料4　原子力発電をめぐる主な出来事

原子力関連年表

１９５０年７月　ＧＨＱに禁止されていた原子力研究を再開へ。一部科学者が原子力研究の提唱をするが、反対する学者も多数。
１９５２年５月　自由党が核兵器を含む科学兵器、原子力の開発研究を目的とする科学技術庁設置案を発表。
１９５３年12月　アイゼンハワー米大統領の「アトム・フォア・ピース」の国連演説。
１９５４年３月　中曽根康弘・衆院議員らが予算修正案として原子炉構築予算を突如提出。
５月　原子力利用準備調査会が発足。ソ連が工業用原子力発電を開始。
１９５５年１月　米が対日原子力援助を申し入れ。
11月　日米原子力協定を調印。
12月　原子力基本法公布
１９５６年１月　原子力委員会が発足。
６月　日本原子力研究所が発足。

1957年6月　原子炉等規制法が公布。
7月　国際原子力機関が発足。
8月　第1号研究炉JRR―1（米国型）が臨界。（国内初の「原子の火」灯る。茨城県東海村）
11月　日本原子力発電が発足。東海村に発電所を着工。
1958年6月　学術会議と日本放射性同位元素協会が、放射性同位元素の廃棄処理に関するシンポジウムを開催。
1960年5月　日本放射性同位元素協会が放射性廃棄物の集荷を始める。
1961年2月　原子力委員会が原子力開発利用長期計画を発表。
原子力委員会が放射性廃棄物の処理処分の基本方針を決めるための廃棄物処理専門部会を設置。
1962年9月　日本原子力研究所の国産第1号炉が臨界。
1963年10月　日本原子力研究所の動力試験炉JPDRが日本初の原子力発電。
1964年6月　原子力委員会が「使用済み核燃料の国内再処理とプルトニウム買い上げに関する措置案」を決定。
原子力産業会議が、使用済み燃料輸送問題検討会を設置。
1965年11月　日本原子力発電の東海原発1号炉（英国型ガス冷却炉）が初の営業用原子力発電に成功。
1966年4月　日本原子力発電の敦賀原発1号炉が着工。（1970年3月運転開始）
8月　原子力研究所JRR―2の使用済み燃料を米国へ返還のために輸送。
JRR―2の使用済み燃料の再処理に関する日米協定が発効。
11月　原子力委員会の原子炉安全審査会が、原発からの固体廃棄物の海洋投棄に関する基本方針を早急に作るよう要望。
1967年1月　東京電力の福島第一原発1号炉が着工。（1971年3月運転開始）
4月　日本原電が東海発電所の使用済み燃料の再処理で英AEA（Atomic

Energy Authority）と契約。

5月 関西電力の美浜原発1号炉が着工。（1970年11月運転開始）

1968年4月 日本原電が英AEAと東海発電所の使用済み燃料再処理に関する契約に調印。

1969年3月 日本原子力研究所の国産1号炉で、燃料棒破損事故が続発していたことが明るみに出る。

6月 原子力船「むつ」が進水。

1970年10月 敦賀原発1号炉で燃料棒にピンホールが見つかる。以後、各原発で続発。

福島第一原発1号炉の廃棄物処理室で、パイプ点検中に硫酸が噴出。

1971年12月 福島第一原発1号炉で一次冷却水が噴出。作業員が被曝。

1972年5月 動燃の新型転換炉「ふげん」が着工。（1979年3月運転開始）

6月 美浜原発1号炉で蒸気発生器細管が破損。以後、各加圧水型炉で続発。

1973年3月 美浜原発1号炉で燃料棒折損事故。（4年間隠蔽）

6月 福島第一原発1号炉で放射性廃液が床面、建屋外に漏洩。

12月 石油緊急事態宣言。

1974年4月 敦賀原発で被曝し皮膚障害を発病した岩佐嘉寿幸が損害賠償請求提訴。

6月 電源三法を公布。

7月 美浜原発1号炉が蒸気発生器細管破損により、以後6年間運転停止。

9月 原子力船「むつ」が放射線漏れ事故。

10月 福島第一原発1号炉で配管にヒビ割れ。以後、各沸騰水型炉で続発。

1975年9月 原子力産業会議の放射性廃棄物処理・処分問題懇談会が初会合。

1976年2月 米GE社を退社した幹部技術者が米上下両院原子力合同委員会で、「私たちの考えでは、原発は必ず大事故を起こす。残る問題は、それがいつ、どこで起こるかということです」と証言。
1977年2月　電力業界が再処理委託で英米仏へ交渉団を送る。
9月　電力9社および日本原電が仏COGEMAと再処理委託契約。
1978年1月　福島第一原発の使用済み燃料を再処理のために東海再処理施設に搬入。商業用炉ではわが国で初めて。
5月　電力9社および日本原電と英BNFLが1600トンの使用済み燃料再処理委託契約に調印。1982年から搬出へ。
11月　東京電力福島第一原発3号炉で日本で最初の臨界事故（2007年に公表）。
1979年3月　米スリーマイル島原発で炉心溶融事故。大規模な放射能漏れ。
1984年4月　電気事業連合会が北村青森県知事に対し原子燃料サイクル3施設の立地を正式に要請。
1985年1月　青森県六ヶ所村議会が核燃料サイクル3施設の受け入れを了承。
1986年3月　原子力委員会が核燃料サイクル推進会議を開催。
4月　旧ソ連チェルノブイリ原発で暴走事故。大量の放射能を放出。
1988年10月　日本原燃産業が六ヶ所村のウラン濃縮工場を着工。
1989年1月　東京電力福島第二原発3号炉で原子炉再循環ポンプ内部が壊れ、炉心に多量の金属粉が流出する事故。
1990年9月　東京電力福島第一原発3号炉で主蒸気隔離弁を止めるピンが壊れた結果、原子炉圧力が上昇して「中性子束高」の信号により自動停止する事故。
11月　六ヶ所村に低レベル放射性廃棄物埋設センターを着工。
1991年2月　美浜原発2号炉で蒸気発生器細管のギロチン破断事故。
4月　中部電力浜岡原発3号炉で誤信号により原子炉給水量が減少し、原子炉が自動停止する事故。
1992年3月　日本原燃産業がウラン濃縮工場の

操業を開始。
５月　日本原燃サービスが高レベル返還廃棄物一時貯蓄管理施設を着工。
７月　日本原燃サービスと日本原燃産業が合併し、日本原燃が設立。
12月　六ヶ所村の低レベル放射性廃棄物埋設センターが操業を開始。
１９９３年１月　フランスからの第１回目のプルトニウム返還。（東海村へ）
４月　六ヶ所村に再処理工場を着工。（使用済み核燃料受入れ施設を先行）
１９９５年４月　フランスからの第１回目の高レベル放射性廃棄物を六ヶ所村に搬入。
12月　高速増殖炉原型炉「もんじゅ」がナトリウム漏れ事故。
１９９７年３月　東海村の動燃の再処理工場で爆発事故。
１９９９年６月　北陸電力志賀原発１号炉で臨界事故。（２００７年に公表）
１９９９年９月　東海村のＪＣＯで国内初の臨界事故。（２名死亡。住民の多数が被曝）
２０００年２月　中部電力が三重県の芦浜原子力発電所計画を断念
10月　高レベル放射性廃棄物の最終処分のための事業主体として原子力発電環境整備機構（ＮＵＭＯ）を経済産業大臣の認可法人として設立。
２００４年８月　関西電力美浜発電所３号機二次系配管破損事故。逃げ遅れた作業員５名が死亡。
２００５年５月　原子炉等規制法の改正。（クリアランス制度が成立）
２００７年７月　新潟県中越沖地震に伴い東京電力柏崎刈羽原発で、外部電源用の油冷式変圧器が火災を起こし、微量の放射性物質の漏洩が検出された。また、震災後の高波によって敷地内が冠水、このため使用済み核燃料棒プールの冷却水が一部流失。
２０１０年６月　東京電力福島第一原発２号炉で電源停止による緊急自動停止事故。水位が２メートル低下し、燃料棒露出まで約40センチメートルとなった。

2011年3月　福島第一原発事故。

国内で起こった原発事故

これまでに、原発では安全確保上重要な事故がいくつか発生している。原発などで事故が発生した場合には、国際原子力事象評価尺度（INES）による影響度の指標が「レベル0」から「レベル7」までの8段階の数値で公表される。日本の原子力事業者はINESレベル4以上を「事故」と呼んでいる。

東京電力福島第一原発事故は、発生から1カ月後の2011年4月12日、国際原子力事象評価尺度で最も深刻な事故に当たる「レベル7」に引き上げられた。

この国でこれまでに起きた主な原発事故を拾い出してみよう。

・1978年11月2日　東京電力福島第一原発3号機

日本初の臨界事故。戻り弁の操作ミスで制御棒5本が抜け、午前3時に出勤してきた副長が気付いて修正し終わるまで7時間半、臨界が続いたとされる。事故発生から29年後の2007年3月22日に発覚、公表された。東京電力は「当時は報告義務がなかった」と主張している。

・1989年1月1日　東京電力福島第二原発3号機

原子炉再循環ポンプに振動が発生したため、ポンプを停止するとともに原子炉を停止した。原子炉再循環ポンプを分解点検したところ、水中軸受リング部分が軸受本体との接触個所で破損し、羽根車主板上へ脱落。これによって羽根車の一部が欠損、摩耗していた。羽根車等の摩耗によって生じた金属粉等は流出し、原子炉容器内に分散した。レベル2

・1990年9月9日　東京電力福島第一原発3号機

運転中、原子炉が自動停止。主蒸気隔離弁の止めピンが疲労破断し、弁体が弁棒より脱落して主蒸気管を閉塞した結果、原子炉圧力が上昇して「中

性子東高」に至った。レベル2

国際原子力事象評価尺度

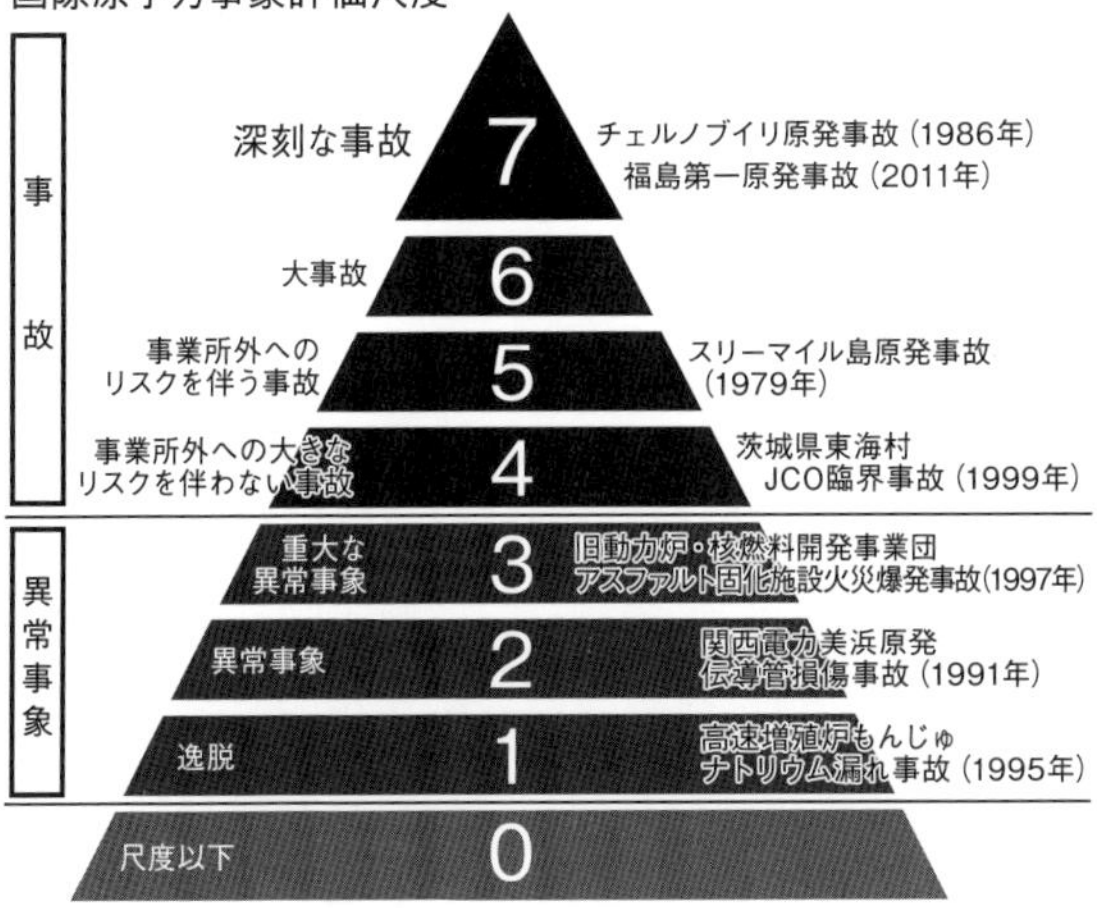

・1991年2月9日　関西電力美浜原発2号機

警報から10分後に原子炉が自動停止し、緊急用炉心冷却装置（ECCS）が作動。蒸気発生器の電熱管の1本が破断していることが確認された。この損傷により一次冷却材が二次冷却系へ流出し、「一次冷却系加圧器圧力低」と「加圧器水位低」の信号が発信。損傷した蒸気発生器の二次側へ一次冷却材が約5トン（推定）流出、また微量の放射性物質が外部に放出した。レベル2

・1991年4月4日　中部電力浜岡原発3号機

運転中に原子炉給水量が低下し、「原子炉水位低」の信号により原子炉が自動停止した。2台あるタービン駆動給水ポンプのうち1台の流量を制御するプリント基板に使用されているコンデンサの一つが短絡したことにより誤信号を発信し、当該駆動用タービンの蒸気加減弁が急閉したため、原子炉への給水流量が減少した。レベル2

・1991年9月6日　関西電力美浜原発1号機

運転中に「B－蒸気発生器水位異常低」の信号により原子炉が自動停止した。B－蒸気発生器の主給水バイパス制御弁の駆動用空気を制御するブースター・リレーの感度調整用絞り弁にシールテープ屑が残留していたため制御系の特性が変化し、蒸気発生器の水位変動が大きくなり、原子炉が自動停止した。本事象は、「蒸気発生器水位異常低」の信号により、安全保護系が正動作して原子炉が自動停止したものであり、原子炉施設の安全性に影響を与えるものではないが、これに関係する事象なので、レベル2

・1995年12月8日　高速増殖炉もんじゅ

二次主冷却系配管からナトリウムが漏えいする事故が発生。漏えいしたナトリウムは、配管室内の空気と反応して燃焼した。原因は、温度計さや管の設計が不適切であったため、ナトリウムの流れによって振動し、破損したものと判断された。周辺環境および従事者の放射性物質による影響はなく、原子炉への影響もなかった。レベル1

・1999年6月18日　北陸電力志賀原発1号機

定期点検中に弁操作の誤りで炉内の圧力が上昇し、3本の制御棒が抜けて無制御臨界に。スクラム信号が出たが、制御棒を挿入できず、手動で弁を操作するまで臨界が15分間続いた。点検前にスクラム用の窒素をすべての弁で抜いてあったというミスと、マニュアルで弁操作が開閉逆だったと言うのが、臨界になる主な原因であった。所長も参加する所内幹部会議で隠蔽が決定され、運転日誌への記載も本社への報告もなかった。2007年3月に公表された。日本で2番目の臨界事故とされる。レベル3

・1999年9月30日　東海村JCO核燃料加工施設臨界事故

茨城県東海村にあるJCOウラン加工工場において臨界事故が発生。ウランの核分裂反応である「臨界」状態が約20時間にわたって継続し、施設の周辺住民の避難や、施設から10キロ圏内の住民の屋内退避が行われた。臨界に伴い発生した放射線により、現場にいた作業員2人が死亡した。レベル4

・2001年11月7日　中部電力浜岡原子力発電所1号機

余熱除去系蒸気凝縮系配管内で生じた水素の燃焼に伴う急激な圧力上昇によって配管が破断する事故が発生した。この事故による放射性物質の外部への漏えいはなかった。レベル1

・2004年8月9日　関西電力美浜原発3号機

運転中の原子力発電所のタービン建屋内で、配管が破裂して高温の蒸気が噴出し、定期点検の準備作業をしていた作業員11人のうち、5人が死亡し、6人が重軽傷を負った。運転中の原発の事故としては過去最悪だった。

配管破裂の原因は局部減肉。二次系配管肉厚管理に関する品質保証システムや保守管理システムの整備が不十分であったため、本来管理されるべき配管の部位が管理する対象から漏れていた。断面積の減少に起因して圧力によって塑性崩壊し、大きな破口を形成した結果、多量の高温水が蒸気となって噴出した。この部位が局部減肉を生ずることは周知の事実ながら、電力会社と検査会社の見落しで27年間も肉厚測定が行われなかった。福井県警は、業務上過失致死傷容疑で強制捜査に踏み切った。レベル1

・2007年7月16日　東京電力柏崎刈羽原発

中越沖地震によって3号機外部で火災が発生。6号機で放射性廃液が漏れたほか、放射性廃棄物の入ったドラム缶400本が倒れたことにより放射性物質漏洩。7号機から空気中へ放射性物質漏洩と廃液が漏れ出る。さらに、原子炉建屋天井の大型クレーン移動用車軸2本が破断した。レベル0

・2011年3月11日　東京電力福島第二原発

東日本大震災による地震と津波で原子炉の冷却機能が一時不全状態に陥った。レベル3

資料5 ｜ 伊方原発建設差し止め訴訟

「熊取6人組」

1979年にアメリカで起こったスリーマイル島原発事故、86年に旧ソ連で起こったチェルノブイリ原発事故など、原子力を推進することの是非を立ち止まって考える機会、そして様々な教訓を得る機会はこれまでにも多々あった。国内でも、95年に起きた高速増殖炉「もんじゅ」のナトリウム漏れ事故や、99年に起きた茨城県東海村の核燃料製造工場JCOにおける臨界事故など、原子力政策の矛盾や問題点をさらけ出した事故が数多くある。

そうした歴史を遡ってみると、伊方原発訴訟に辿り着く。この裁判は、四国電力が建設を計画していた伊方原発（愛媛県）の安全性をめぐって争われた行政訴訟で、原発の科学技術的問題が議論された日本初の「科学訴訟」と言われ、原発について初めて触れた訴訟、そして実は、「原発の安全性」が全面的に問題とされた訴訟としては世界で初めてのものだった。日本の電力会社が商業用原子炉の建設に本格的に着手して間もない73年8月、伊方原発1号機の原子炉設置許可処分の取り消しを求めた周辺住民35人が松山地方裁判所に提訴した。住民側は、設置許可の際に原子炉等規制法に基づいて行われた国の安全審査が不十分だと訴え、行政処分の取消しを求めたのである。78年年4月、一審の松山地方裁判所は請求棄却判決を出し、同時に原発建設の決定権は国に属するとの判断が下された。原告は高松高等裁判所に控訴したが、84年12月に控訴は棄却された。さらに、原告は最高裁判所に上告をしたが、92年10月、上告は棄却され原告敗訴が確定した。

この裁判において、原告側住民の立場に立って科学技術的な知見で国に対して論戦を挑んだのが、大阪府熊取町にある京都大学原子炉実験所の研究者たちを中心としたグループであった。後に「原子力安全問題ゼミ」を主催し、原子力利用の安全性を問うというスタンスで研究を続けていった小林圭二、海老澤徹、瀬尾健（故人）、川野眞治、小出裕章、今中哲二は「熊取六人組」と呼ばれている。中国の「四人組」をなぞらえた、原発推進派からの命名である。いわゆる「原子力ムラ」の中にありながら、常に原発について、原子力開発利用について警鐘を鳴らし続けた彼らは、反原発運動の草分け的存在として活動を続けてきた（もちろん、彼らは一つの象徴であって、同じような立場で反原発の立場を貫いてきた科学者は多数存在する）。

「熊取六人組」は80年6月から、原子力安全研究グループとして「原子力安全問題ゼミ」という非定期的な公開勉強会を主催してきた。専門家・非専門家を問わず、原子力利用の安全問題に関心を抱く市民なら誰でも参加できる勉強会である。2005年3月に開催された第100回を一つの区切りとして一応終了したが、その後も国内外で大きな事故が起きた際など不定期に「原子力安全問題ゼミ」がもたれ、福島第一原発事故直後の3月に開催された分まで含めると110回に至っている。取り上げられたテーマは実に多彩で、発表者も当初は「熊取六人組」が中心であったが、第30回以降はテーマに応じて他の科学者などの専門家が発表をするようになる。結論的には「批判的」な見解と受け取られてしまうかも知れないが、調査や研究によって得られたデータに基づいて、専門家の立場から問題を分析するというスタンスが貫かれてきた。

伊方原発訴訟の判決

伊方原発訴訟について、海老澤徹は「福島第一原発をはじめとした軽水炉が抱える科学技術的問題点は、裁判を通じて当時既にほとんどすべてが明らかにされていた。しかも、原告側の指摘に対して被告側はまともな反論ができず、法廷ではほぼ論破されていたと思う」と振り返る。裁判の判決自体も非常にいい加減な形で下されていた。証人尋問終了後、判決前の不可解な裁判長交代があり、交代した裁判官は1度も法廷に姿を見せず体調不良ということで更に別の裁判官に交代し、3人目の裁判官が判決を下している。専門的な科学論争が行われた訴訟の判決を、事実審理を担当しなかった裁判官が国側の主張を引き写して判決文を書いたのだった。

また、裁判における住民側の主張には「潜在的危険性があまりにも大きく、重大事故は人々の健康と環境に取り返しのつかない被害をもたらす」「被曝労働という命を削るような労働：労働そのものの中に差別的な構造を内包」「平常時でも一定の放射能を環境中に放出し、環境汚染と健康被害の可能性」「放射性廃棄物の処分の見通しが立っていない」「核燃料サイクルの要、プルトニウムは毒性があまりにも強く、利用は核兵器拡散をもたらす」「原子力推進のため、情報の統制が進み、社会そのものの表現の自由が失われる」など、今日まで未解決となっている原発をめぐる本質的な問題も網羅されていた。

伊方原発の安全審査がなされた当時、原子炉設置の許可手続きにおける様々な検討は、主に原子力委員会に設置された原子炉安全専門審査会（以下、審査会）が行っていた。審査会は申請者（電力会社）によって提出されている施設の位置や構造、設備の基本設計や技術仕様などの資料をもとにして、原子炉の安全に関する調査審議をすることとなっている。そして、それらの資料は原則的に公開されない。伊方原発訴訟に限らず、原発訴訟において原告は、許可の違法性や原子炉の危険性を立証しなければならないが、審査に関する資料のほとんどを被告（国や電力会社）が持っているわけだ。伊方原発訴訟では、原告側が情報開示を求めた資料のうち、裁判所が文書提出命令を出した一部の資料ですら、国側は最後まで「企業秘密」を理由に提出をしなかった。

にもかかわらず、「熊取6人組」をはじめとした原告側の科学者たちは、国の主張をことごとく論破した。川野眞治はその一例として「炉心溶融をしないという国の主張に対し、審査委員の一人である東大教授は裁判で、自身の教科書で炉心溶融について生々しい記述をしていることを指摘されると、しどろもどろになって『自分の教科書は間違っている』と述べた」という事実を挙げる。裁判でそのようなやり取りが続いたにもかかわらず、判決を下した裁判長は、炉心溶融について国が想定していなかったにもかかわらず、「安全審査において炉心溶融に至るまでの想定はしている」という前提を示すなどして、原告敗訴の判決を下したのであった。

裁判ではのちに福島第一原発で現実に起こった一次冷却材喪失事故についても議論されたが、国側は「炉心は溶融しないが、全炉心が溶融したのに相当する放射能が格納容器中に放出される。しかし、格納容器は健全に保たれ外部にはほとんど放射能は出ない」などとしていた。溶融しない理由は「緊急炉心冷却装置（ＥＣＣＳ）が設計通りに働くから問題はない」と主張したが、当時、ＥＣＣＳは実証が一度もされていなかった。不十分な研究、未解明な部分が多かった当時の楽観論で、住民側の訴えは退けられてしまったのである。原告は、冷却に失敗すれば炉心溶融が起こり、格納容器の気密が破壊され莫大な量の放射能が環境に放出するのを避けられないと主張していた。つまり、福島第一原発事故で起こったシナリオはすでに伊方原発訴訟で原告がはっきりと指摘していたのであった。

国内最大の事故

１９７９年3月28日、アメリカのスリーマイル島原発で原子炉冷却材喪失事故が起こる。実は76年2月、アメリカのジェネラル・エレクトリック（ＧＥ）社の幹部技術者が、原発の危険性を内部告発して辞職し、後に上下両院原子力合同委員会で、「原発は必ず大事故を起こす。残る問題はそれがいつ、どこで起こるかということだ」と証言していたのは前述の通りである。

しかし、アメリカでも原子力開発・利用をめぐる状況は日本と変わらず、この証言が現場に活かされることはなかったのである。危険性の指摘を無視し続けることの延長線上に、福島第一原発事故をはじめとした様々な事故があったと言っても良い。

もちろん、関電もその例外ではなかった。91年2月、美浜原発2号機で、国内で初めてＥＣＣＳが本格的に作動する事故が起こった。事故当時、細管の振動を防止する固定金具が設計位置に付けられていなかったことや、２つの加圧器の圧力逃し弁が作動しなかったことも明らかとなっている。美浜原発２号機は加圧水型軽水炉（ＰＷＲ）であるが、この型の原子炉は国内外で、蒸気発生器の細管部分の腐食や減肉による破損が相次いでいた。87年7月、アメリカのノースアナ原発1号機で起こった蒸気発生器細管上部の支持板付近の細管が完全に破断した事故がその典型である。

また、２００４年8月、営業運転中の美浜原発3号機の二次系配管（直径56センチ）の一部がいきなり、幅が最大57センチもめくれる大きな破裂を起こした。この事故で、５日後に迫った定期検査の準備作業をしていた関電興業の下請け会社である木内計測の作業員11人が巻き込まれた。そして5人が全身やけどで死亡（ほぼ即死）、６人が重傷を負い、当時は国内最大事故と言われた。

もともと、美浜原発3号機のようなＰＷＲは、原子炉の一次冷却材である加圧水（圧力の高い水）を３００℃以上に熱し、それを蒸気発生器に通す。そこから発生した二次冷却材の水の高温高圧蒸気によってタービン発電機を回す方式となっている。二次系に放射能を含んだ冷却水が入り込まず管理しやすい利点がある半面、配管に高温高圧の負担がかかるという本質的な危険性を抱えていることが指摘されていた。

しかし、一次系に比べて二次系では安全思想は徹底されておらず、破損した配管も1976年の運転開始以来、一度も検査しておらず、交換もされていなかった。この事故は、金属が冷却水による腐食で薄くすり減り、引き延ばされて破れる「延性割れ」が起きた疑いが強い。事故が起きたのは、二次冷却水が循環する復水系配管だった。

極めて似たケースが86年の米国サリー原発事故である。美浜原発3号機と同じPWRのタービン建屋で、直径45センチの配管が一瞬のうちに破断し、高温の水蒸気と熱水を浴びた作業員4人が死亡している。その後、配管に激しい腐食が見つかった。この事故の後、日本のPWRはすべて点検され「異常なし」とされている。だが、今回は直径56センチの配管の一部が突然大きくめくれるという破損だったが、サリー原発のように配管が破断していれば、被害者はもっと増えていても不思議はなかった。

このように、伊方原発訴訟以降の日本の原発は、その当時の指摘はもちろん、それを裏付けるような事故が海外で発生しても「日本では起こりえない」と半ば黙殺する形で、実際に国内で過酷事故が起こるまで運転され続けてきたのである。

3・11後初めての司法判断は？

2013年4月16日、関西電力大飯原発3、4号機をめぐり、福島第一原発の事故後、初めての司法判断が下された。

近畿2府4県と福井、岐阜両県の住民262人が関電に運転停止を求めた仮処分裁判で、大阪地裁は「3、4号機は安全上の基準を満たしている」として、住民側の申し立てを却下する決定を出したのだ。原発事故のあと、各地で原発運転差し止めを求める訴訟が相次いでいるが、安全性を認めた司法判断は初めてだった。

「政府が決めた暫定的な安全基準には誤りがあり、原発周辺の3つの活断層が連動して地震が起きれば、原子炉を止める制御棒の挿入が遅れ、重大事故が起こるとともに、住民も甚大な被害を受ける」という住民側の訴えに対して、小野憲一裁判長は安全性について「福島の事故の原因究明と教訓、現在の科学技術の水準に照らして、相当な根拠と合理性がある」と認定。その上で、こう判断した。

「暫定基準は、現在の科学技術水準に照らして合理的で、3連動地震が起きても、具体的な危険性は認められない」

関電側が主張した安全機能が働き、原子炉を問題なく止められると述べたのである。

大飯原発の敷地内で確認された断層「破砕帯」についても、「現段階の調査では活断層と認めるに至っていない」と指摘。津波の危険性についても、こう言い切っている。

「安全の限界である11・4メートルを超える大津波が襲来する可能性は認められない」と。

これまで通り、政府の決めた基準を判断の根拠とし、それを満たしていれば安全とする判断を踏襲した。

京都地裁では、関西電力大飯原発で重大事故が起きれば近隣府県に大きな被害をもたらすとして、17都府県の住民約1100人が関西電力と国に、大飯原発1～4号機の運転差し止めなどを求めた訴訟の第1回口頭弁論が2日、始まった。原告側は「原発は人類存在の根底を脅かす」などと主張、国と関西電力は請求棄却を求めた。

弁論では、原告団長の竹本修三・京大名誉教授や福島県からの避難者2人が意見陳述を行った。福島県南相馬市から木津川市に避難している福島敦子は「大飯原発の再稼働は、地元の人々の不安と日本国民の原発に対する懸念の声をまったく無視した人権侵害であり、日本最大級の公害問題だ」と話した。

原告側は関西電力に大飯原発1～4号機の運転停止を、国と関西電力に原告一人あたり月1万円の損害賠償を求めている。

大飯原発3、4号機のどちらか1基で大規模な放射能漏れが起きた場合、長期的な被害額は最大で約460兆円に上り、急性障害やガンによる死者も40万人を超える恐れがあるという試算を、京都産業大学の朴勝俊（パク・スンジュン）講師（現・関西学院大学准教授）がまとめている。

朴准教授は、大飯原発で炉心が溶融し格納容器も壊れ、旧ソ連のチェルノブイリ事故に匹敵する放射能が漏れたケースを想定しており、京大原子炉実験所の故瀬尾健助手が開発した計算式にあてはめ、所得や農業生産額、人口データをもとに事故後50年間の総被害額を算定したという。

資料6　原発輸出

原子力ルネッサンス

福島第一原発事故が起こる数年前、「原子力ルネッサンス」という言葉が流行した。アメリカやヨーロッパなどで、原発の見直しや新規建設計画が次々と明らかになった動きを指した言葉である。NPO法人環境エネルギー政策研究所所長、飯田哲也によると「具体的には、02年5月に原発増設を決めたフィンランド（05年に着工）や米国ブッシュ政権による原子力新設計画と『グローバル原子力パートナーシップ』、フランスの欧州加圧水型炉（EPR）の建設計画、英国『エネルギー白書』（07年）での原子力再評価などを指す。（中略）(1)米国で原子力発電所の統合によって規制緩和環境下で競争力のある原子力発電事業が登場したこと、(2)地球温暖化防止や原油価格の急騰、エネルギー安全保障への対応策として見直されたこと、そしてやはり(3)米国・ブッシュ政権の強い後押しなどを背景に、原子力ルネサンスの動きが生じた」というものだ。

２０１０年の国際原子力機関（ＩＡＥＡ）の統計によると、29カ国で４３１基の原発が稼働していたが、アメリカは１０４基で全世界の４分の１を占める原発大国である。ちなみに2位はフランスで59基、そして3位は54基（当時）の原発を保有する日本であった。以下、ロシア（31基）、韓国（20基）、イギリス（19基）と続くが、アメリカの保有が突出しているのがわかる（なお余談であるが、日本がロシアや中国、インドといった大国よりも多くの原発を保有していることは、国民の間では意外と知られていない）。だが一方で、アメリカは１９７９年のスリーマイル原発事故以来、原発の新設はまったくされていなかった。電気事業の民営化や自由化、規制緩和が世界中で進む中で、経済性などからも魅力を失った原子力開発は、特に86年のチェルノブイリ原発事故以降、世界的にも中国など一部を除いて停滞していく。チェルノブイリ原発事故後も原発を強力に推進していた日本においても、90年代後半から新規立地や増設が進まないなど、原子力産業は低迷が続いていた。

しかし、原発の新設がまったくなされていなかったアメリカで、２００１年に就任したブッシュ大統領（当時）がエネルギー政策の中で「クリーンかつ供給面で制約がない原子力発電を拡大しなければならない」と強調して、原発建設再開を宣言した。ブッシュ大統領に続いて就任したオバマ大統領も、石油エネルギーへの依存からの脱却を理由に原発推進の立場を鮮明にしたことから、「原子力ルネッサンス」が声高に叫ばれるようになったのである。

日本でも、新興国を中心とした原発建設計画に対して、東芝、日立、三菱重工などの原発メーカーが参入を表明して、新たな市場開拓への期待感が広まった。福島第一原発事故の直前の11年2月には、産・官・学が協力する形で「原子力ルネッサンス懇談会」が発足している。同懇談会は、事故後に名称を「エネルギー・原子力政策懇談会」に変更しているが、会長に元文部大臣の有馬朗人が就き、電力会社の他、自動車メーカーや家電メーカーなどのトップ、有名大学の教授、マスコミのトップなどのメンバーが名を連ねた。日本の場合、「原子力ルネッサンス」による盛り上がりは、どちらかと言えば国内原発の新設や増設には向けられず、海外（特に新興国）の原発市場への参入に傾注していったのが特徴であった。

関電も海外市場への参入に意欲を示した。八木誠社長は10年8月、朝日新聞のインタビューに次のように答えている。

〈2030年までに飛躍的に成長させ、現在の20億キロワット時の販売電力量を10倍にする。発電所建設や買収をアジア以外にも広げ、官民一体での原子力の売り込みにも力を入れる。「原子力は世界で同じ船に乗っている」と言われ、一カ所でのトラブルが世界中に影響する。安全運転のノウハウを提供していくこともメリットがある〉

20年で販売電力量を10倍にすると豪語しているが、そのためには海外での原発需要に応えていく必要があったのだ。

原発輸出へ

日本はこれまでにも、原発関連の部品については輸出をしていた。しかし、あくまでも対象は既に原発のある国、あるいは建設が進められている国であり、日本は主契約者ではなかった。原発輸出政策を明確に打ち出したのは民主党政権である。10年6月、民主党は新成長戦略をまとめたが、その中で原発輸出を積極的に進める姿勢を示し、初めて官民一体のフルパッケージ型原発輸出の方針を打ち出した。電力会社や原子炉メーカーなどが参加する原発輸出専門の新会社「国際原子力開発」を設立し、オールジャパンの枠組みを整えたのである。当時、アジアの新興国は経済発展が著しい一方で、電力不足が深刻化していた。経済の発展には電力の安定供給が欠かせない上、地球温暖化対策の面でも、長期的には新興国にも温室効果ガス削減の義務が課せられる可能性が高く、これらの国では原発の必要性が高まっていたことに注目したのであった。

新成長戦略の中で民主党は「日本は60年代から原子力の平和利用に取り組んでおり、多くの技術の蓄積を持つ。こうした蓄積を世界のために生かすことは、アジアの経済発展を取り込んで生きていくという、日本自身の国策にも合致する」としていた。そして、その方針は福島第一原発事故後も変わらなかったのである。11年12月、国会でベトナム、ヨルダン、ロシア、韓国との原子力協定が承認され、日本は原発輸出に向けて具体的な一歩を踏み出した。後に自民党政権に変わったが、この方針は変わらず受け継がれている。

国内で深刻な事故が発生し、その処理もまったくメドが立たない状況で、原発輸出を進めようとする民主党政権に対して、当時は多くの批判が寄せられた。ところで、深刻な事故を起こした国が他国に原発を輸出するという倫理性という問題以外に、原発輸出には問題がないのだろうか。実は、原発輸出をめぐっては様々な問題点が指摘されている。まず問題とされるのは安全性であろう。後述するが、有力視されている輸出先はベトナムなどの新興国が中心だ。冷却水確保や周辺人口など立地条件からして、安全基準を満たせるかどうかは不確定である。さらに、施工や運転、安全監視などについては、未経験の国が対象となるため、どこまで安全性が確保できるのかも未知数なのだ。その責任を、果たして日本が負えるのであろうか。

最近、原発関連機器の輸出を巡り、12年までの10年間に輸出された約１２４８億円分の機器のうち、少なくとも約4割の約５１１億円分は、機器の品質などを調べる国の「安全確認」と呼ばれる手続きを経ていないことが明らかになった。輸出先はブラジルやスウェーデン、台湾など18カ国・地域に及んでいる。中には原子炉圧力容器など原子炉の主要な部品も含まれていた。厳しい検査を国内では課されているはずの原発が、輸出においてはノーチェックと言ってよいほど杜撰な管理体制だったわけだ。元々、原発関連機器を輸出する場合、国が品質を調べる制度は安全確認だけである。しかも、政府系金融機関である「国際協力銀行」の融資か、有事に備えた独立行政法人「日本貿易保険」の保険を利用した場合に限って実施されてきた。書類上の簡単な審査は不十分であるとの批判がなされてきたが、それさえ経ずに輸出されてきたわけである。

また、経済性についても大きな問題がある。現在、世界の原発はコストの急騰や建設期間の遅延などにより、投資リスクが高まっているのが現状だ。それに、受注の契約内容によっては、放射性廃棄物の処理費用や、万が一事故が起こった場合の巨額な処理費用や補償費用を請求される場合もあり得る。それだけではない。原発輸出には日本の公的資金、つまり税金も注ぎ込まれる。

13年6月、アメリカの電力会社サザンカリフォルニアエジソンは、事故で停止中だったサンオノフレ原発2、3号機の廃炉を決定したが、事故原因とされた装置の製造元は日本の三菱重工業であった。サンオノフレ原発2、3号機は、12年1月に蒸気発生器の配管に異常が見つかり、原子力規制委員会から運転停止を命じられていた。再稼働は地元住民の反対などに遭って難航し、同社は代替電力の確保と原発のメンテナンスとのダブルコストを強いられた挙げ句に、最終的に廃炉を決断した。契約では、三菱重工業の責任限度額は１億３７００万ドル（約１３０億円）であるが、さらに「懲罰的賠償」のリスクも負うことになる可能性があるのだ。部品の輸出だけでも、これだけのリスクがあるわけで、もし日本が主契約の原発が過酷事故を起こしたり、廃炉に追い込まれるような事態を招くようなことがあったら、どれだけの金額を請求するのか検討もつかない。

日本政府は13年10月、原子力事故の損害賠償について定めた国際条約「原子力損害補完的補償条約（ＣＳＣ）」に加盟する考えを表明した。ＣＳＣは、事故などによる賠償が一定額を超える場合に、加盟国が資金を出し合って支える仕組みである。国内原発の再稼働や、原発の海外輸出を後押しする狙いがあるとみられている。ＣＳＣはアメリカが主導しており、アルゼンチン、モロッコ、ルーマニアを加えた計4カ国が加盟している。各国の拠出金は原発の出力などで決まり、その額が賠償支援の上限になるという。また、日本の企業が輸出した原発で事故が起きた場合、現地の電力会社だけが責任を負う制度もあるが、その場合は相手国もCSCに入っている必要がある。しかし、仮にCSCに加盟したとして、福島第一原発と同様の過酷事故を引き起こした場合、果たしてどれだけ支援があるのかは不明だ。

首相のトップセールス

民主党政権後に誕生した自民党政権においても、安倍晋三首相が原発輸出を重要な経済政策に位置づけている。そして首相自らが「トップセールス」に邁進したのであった。まず安倍首相は13年4月下旬から5月上旬にかけての外遊で、サウジアラビア、アラブ首長国連邦(UAE)、トルコを訪問。サウジアラビアとは、原子力協定締結に向けた交渉の協議に入ることで合意し、UAEではムハンマド副大統領兼首相と会談し原子力協定に署名をした。さらにトルコでは、エルドアン首相と原子力協定を締結することで合意した。また5月末には、来日したインドのシン首相との会談で、福島第一原発事故で中断していた原子力協定締結のための協議を再開し、早期締結に向けて交渉を加速させることを盛り込んだ共同声明に署名をしている。

6月初旬には来日したフランスのオランド大統領と会談し、「原子力エネルギー分野における協力」の確認文書に署名して、核燃料サイクル分野で青森県・六ヶ所村に建設中の再処理工場の操業に向けて協力し、他国への原発輸出でも連携を強化していくことを確認した。6月中旬に訪問したポーランドでは、東ヨーロッパ4カ国の首脳とそろって会談し、原子力を含む経済分野での協力を強化していくことを盛り込んだ共同声明を発表している。

安倍首相は10月末に再びトルコを訪問しエルドアン首相と会談したが、それに先だって黒海沿岸シノップに原子力発電所4基を建設する計画について、三菱重工業などの企業連合とトルコ政府が合意書に調印している。福島第一原発事故以来、初めてとなる日本の原発輸出が決定したのであった。

安倍首相は「原発事故の教訓を世界で共有することにより、世界の原子力安全の向上を図っていくことは我が国の責務だ」と強調している。ちなみに、トルコにはもう1カ所別の地点に原発建設計画があるが、その受注国はロシアだ。奇しくも、日本と同様の地震大国と言われるトルコの原発計画に、史上最悪の「レベル7」の事故を起こした日本とロシア（旧ソ連）が関わることになったのであった。だが、トルコがなぜ原発建設に意欲を示すのか疑問が残る。トルコはかつて、巨大地震に伴う原発事故を懸念して、原発計画を凍結させたこともあったからだ。そのトルコが原発建設に方針を転換した理由は、好調な経済を持続させたいということが考えられる。トルコは、02年から10年間の実質国内総生産（ＧＤＰ）の平均成長率が５％に達し、10年後の23年には経済力で世界トップ10に入ることを目指していた。今後の成長を確実にするためには、安価で安定的な電力の供給が不可欠なのだが、資源の乏しいトルコは発電用のエネルギーの約7割を輸入に頼っている。しかも、発電に必要な天然ガスや国内初の原子力発電所建設などにおいて、ロシアへの依存度が高いのが特徴だ。安定したエネルギーを調達するためには、より多くの国と協力関係を結ぶ必要がある。また、同じ「地震大国」である日本の技術は、将来的に自力で原発を建設するための手本になり得るという思惑も否定できない。

原発輸出は「アベノミクス」における成長戦略の柱に位置づけられている。原発1基あたりの事業費は4千億～5千億円と言われる。経済産業省は国際原子力機関（ＩＡＥＡ）の予測をもとに、30年までに世界で最大３７０基の原発新設を見込んでいる。単純計算すれば、１００兆円を超える大市場で、今後は各国との受注合戦は激しさを増すであろう。しかし、日本では福島第一原発事故の対応が続いているだけに、情勢は厳しい。原発輸出関連企業が期待を寄せる一方で、自国で起こした原発事故の処理や被害救済も満足にできない日本が、原発輸出に力を入れることに冷ややかな目もある。輸出先が増えれば増えるほど、前述した輸出に伴うリスクは高まっていく。このまま原発輸出に邁進して良いものかどうか、今一度考えてみる必要があるだろう。

資料7　より理解するための用語解説

軽水炉

日本で商業用原発として利用されている炉は軽水炉と呼ばれるものである。減速材と冷却材に軽水（普通の水）が兼用されているのが特徴で、濃縮ウランを燃料に用いる。軽水炉は沸騰水型炉（ＢＷＲ）と加圧水型炉（ＰＷＲ）の２種類に分けられる。

ＢＷＲとは、原子炉の圧力容器に入っている燃料が核分裂することで発生した熱により、水を蒸気にして、そのままタービンに送って発電機を回す方式の原子炉だ。構造はシンプルであるが、蒸気は放射性物質を含む水から作られているため、タービンや復水器についても放射線の管理が必要となる。また、核分裂をコントロールする制御棒は原子炉圧力容器の下部から挿入する仕組みになっている。

ＰＷＲとは、原子炉圧力容器であたためた水を、ＢＷＲよりも高い圧力でまず一次系統の配管内で循環させる。この高温・高圧の水から熱だけを蒸気発生器で二次系統の配管を流れる水に伝えて蒸気に代え、タービンを回す方式の原子炉だ。放射性物質を含んだ水が、タービンや復水器には回らないため、発電部分のメンテナンスがＢＷＲよりも容易となる。また、制御棒は原子炉圧力容器の上部から挿入する仕組みになっている。

核燃料サイクル

一般的な軽水炉では、燃料として「燃える（核分裂反応を起こす）」ウラン２３５が使用されるが、高速増殖炉では「燃えない」ウラン２３８と「燃える」プルトニウム２３９をＭＯＸ燃料として利用する。高速増殖炉の炉心で燃料を「燃やす」ことによって、ウラン２３８から使用した以上のプルトニウム２３９を作り出すことができるとされる。

日本は、資源少国であるとして原発の使用済み燃料を再処理し、燃えかすの中から燃え残ったウラン２３５と、プルトニウム２３９を取り出して再び燃料として使用する核燃料サイクルを推進してきた。軽水炉で再び燃料としてウラン２３５を使用する「ウランサイクル」と、プルトニウムを燃料とする「プルトニウムサイクル」が考えられている。高速増殖炉は後者の要の施設である。

揚水発電

原発以外にも様々な発電所があるが、その中で常に原発とセットとなって普及してきた特殊な発電所がある。電力需要が少ない深夜に生み出された余剰電力を利用して、下部貯水池（下池）から上部貯水池（上池ダム）にポンプなどで水を汲み上げておき、電力需要が大きくなる時間帯に上池ダムから放水して発電する揚水発電所だ。

天然の河川をダムでせき止めて貯水し、必要に応じて放水することで発電する水力発電所と原理は同じである（水の力でタービンを回して発電）が、水を汲み上げる際に電力を使うという点が大きく異なっている。巨大な蓄電池のような役割を持った発電所であるが、実は発電する電力に対して水を汲み上げるために消費する電力の方が約3割増となる、極めて効率の悪い発電所なのだ。なぜ、このような発電所が建設されるのか。これも出力の調整がきかない上、昼夜にわたってフル出力で運転し発電し続けなければならない原発のためである。

核燃料サイクル図

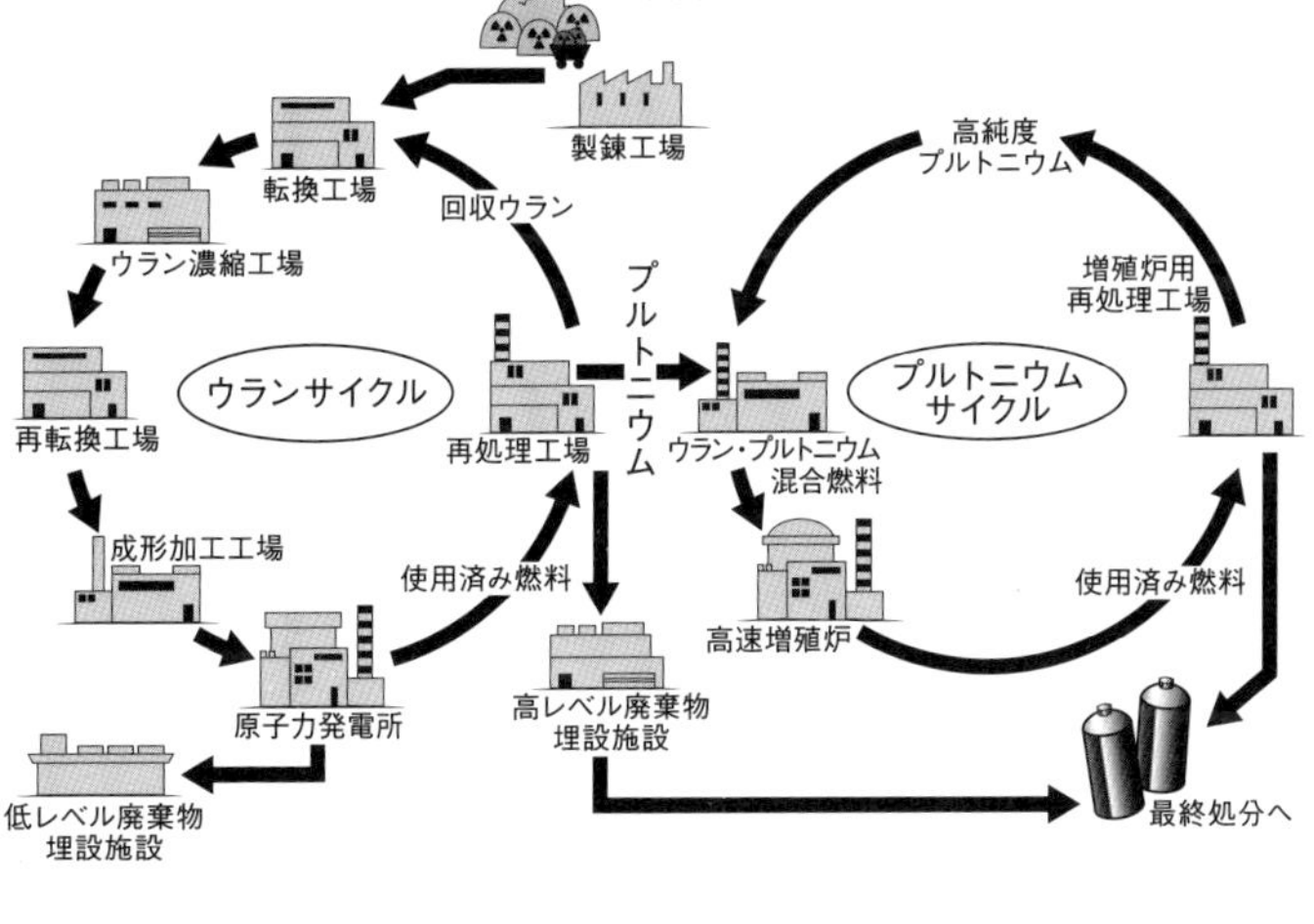

現在、日本には47基の揚水発電所が存在するが、その種類は大きく2つに分けられる。一つは、流域面積が広く年間の水の流量が多い貯水池を上池ダムに持ち、揚水しなくても自然流量だけでそれなりに発電が可能な混合揚水発電所だ。豊水期には通常の水力発電所と同様に自然流量だけを使い、渇水期に揚水運転を併用することで、電力ピーク時の発電に対応するもので、20万～40万キロワット程度の出力のものが多い。

もう一つが、流域面積が非常に狭く年間の水の流量がほとんど望めない貯水池を上池ダムに持ち、揚水しなければ発電ができない純揚水発電所だ。上池ダムと下池の落差と使用する水の量とを非常に大きく確保してあるため、発電所全体で最大100万～200万キロワットの出力がある一方、通常6～10時間の発電で上池ダムの水がなくなってしまうのが難点である。

日本で最古の揚水発電所は、1934年に完成した長野県にある池尻川発電所（現・東北電力所有で混合揚水発電所）であるから、必ずしも原発のために開発された発電所とは言えない。だが、25基ある純揚水発電所のうち23基が70年以降に建設されていることをみれば、少なくとも揚水運転のみで発電をする純揚水発電は、原発の建設と並行して設置されたものと考えられる。

関電は計5基の揚水発電所を所有しているが、そのうち4基が純揚水発電所で、いずれも70年以降に運転を開始している。そのうち、兵庫県朝来市の山中にある「奥多々良木発電所」は国内最大（出力193・2万キロワット）のものだ。原発の有無にかかわらず、電力供給源として揚水発電所が必要であるという考え方もあるだろう。しかし、発電効率が極めて悪い純揚水発電所は、原発がなければまったく採算の取れない発電所であり、その主目的は深夜の余剰電力の「消費」であると言ってよい。

参考文献

朝日新聞、毎日新聞、読売新聞、産経新聞、日本経済新聞、東京新聞
大谷昭宏事務所『関西電力の誤算』（上・下　旬報社）
関西電力五十年史編纂事務局『関西電力五十年史』
原発ゼロの会編『日本全国原発危険度ランキング』（合同出版）
吉田兼見『兼見卿記』
『SAPIO』（2012年5月9・16日号）（小学館）
NPO法人環境文明21会報『環境と文明』（2011年8月号）
大石又七『ビキニ事件の表と裏』（かもがわ出版）
金子勝『原発は不良債権である』（岩波ブックレット）
朝日新聞「原発とメディア」取材班『原発とメディア2』（朝日新聞出版）
朝日新聞取材班『戦後五〇年メディアの検証』三一書房）
伊方原発行政訴訟弁護団・原子力技術研究会『原子力と安全性論争』（技術と人間）
石川欽也『原子力委員会の闘い』（電力新報社）
一本松珠『東海原子力発電所物語』（東洋経済新報社）
伊原辰郎『原子力王国の黄昏』（日本評論社）
遠藤薫『メディアは大震災・原発事故をどう語ったか』（東京電機大学出版局）
加藤久晴『原発テレビの荒野』（大月書店）
北村博司『原発を止めた町』（現代書館）
原子力資料情報室『原子力市民年鑑2013』（七つ森書館）
小林圭二『「熊取」からの提言』（世界書院）
汐見文隆『原発を拒み続けた和歌山の記録』（寿郎社）

柴田鉄治『科学報道』（朝日新聞社）
鈴木篤之『原子力の燃料サイクル』（電力新報社）
J・ゴフマン、A・タンブリン『原発はなぜ、どこが危険か』（ダイヤモンド社）
上丸洋一『原発とメディア』（朝日新聞出版）
武谷三男『原子力発電』（岩波新書）舘野淳『廃炉時代が始まった』（リーダーズノート）
田中靖政『原子力の社会学』（電力新報社）
槌田敦『石油と原子力に未来はあるか』（亜紀書房）
西尾漠『原発ゴミの危険なツケ』（創史社）
広河隆一『原発被曝』（講談社）
広瀬隆『福島原発メルトダウン』（朝日新書）
細見周『熊取六人組』（岩波書店）
本間龍『電通と原発報道』（亜紀書房）

矢野 宏（やの ひろし）
1959年生まれ、愛媛県出身。元黒田ジャーナル記者。「新聞うずみ火」代表。関西大学非常勤講師。ラジオ大阪「中井雅之のハッピーで行こう」（毎週火曜日）、ラジオ大阪「里見まさとのおおきに！サタデー」（毎週土曜日）に出演中。著書には『大阪空襲訴訟を知っていますか』『空襲被害はなぜ国の責任か』『絶望のなかに希望を拓くとき』『震災と人間』（共著）

高橋 宏（たかはし ひろし）
1962年生まれ、埼玉県出身。元共同通信記者。「新聞うずみ火」編集委員。和歌山信愛女子短期大学准教授、プール学院大学非常勤講師。専門はメディア論、ジャーナリズム論、科学技術社会論。著書に『一揆・青森農民と核燃』（築地書館）『子どもへの視点』（聖公会出版）［ともに共著］など。論文には『日本の原子力報道』『科学報道の構造と機能』『原子力開発・利用をめぐるメディア議題』『ゴジラが子どもたちに伝えたかったこと』など。

関西電力と原発

2014年5月6日初版第一刷発行

著者　新聞うずみ火編集部／矢野 宏　高橋 宏
特別参加　山本浩之

発行者　内山正之
発行所　株式会社西日本出版社　http://www.jimotonohon.com/
〒564-0044　大阪府吹田市南金田1-8-25-402
［営業・受注センター］
〒564-0044　大阪府吹田市南金田1-11-11-202
TEL：06-6338-3078　FAX：06-6310-7057
郵便振替口座番号　00980-4-181121
イラスト　松本奈央
編集　親谷和枝
装丁　猪川雅仁（TAKI design）
本文デザイン　木戸麻実
印刷・製本　株式会社シナノパブリッシングプレス

ISBN978-4-901908-86-3 c0095

あなたも「新聞うずみ火」を購読してみませんか。

購読をご希望される方は、事務所にご連絡下さい。
こちらから見本誌と手数料のかからない振込用紙をお送りいたします。
「新聞うずみ火」は毎月23日発行。郵送でお手元にお届けいたします。

読者の声

「黒田清さんのコラムには弱い人への優しさがありました。その遺志を継いで筋を曲げない『うずみ火』を応援し続けます」（大阪府吹田市／竹島恭子）

「弱きを挫き、強きを助ける今の政府と黙認する大半のマスコミ。その時勢に敢然と立ち上がる『新聞うずみ火』に心より感謝しております」（大阪府寝屋川市／羽世田鉱四郎）

「いつも弱者に寄り添っての取材、日刊紙では見えてこない様々な裏（真実）を知らされ、感謝しています」（大阪市東淀川区／岩髙 澄）

「反戦・反差別からぶれず、時々の社会・政治状況を映し出し、何より当事者の現実を伝える記事にいつも考えさせられ、涙し、心に刻まれています」（新潟市西区／五十嵐恵美子）

「『新聞うずみ火』の良さは読者を大切にしていること、沖縄・フクシマからOSKまで、記事の内容も書き手も老若男女と多様なことです。しぶとく燃え続けること、これぞジャーナリズムの真骨頂と心からの信頼を表したいと思います」（奈良市／朴才暎）

「つらいとき、苦しいとき、悲しいときすべて『新聞うずみ火』がかたわらにありました」（東京都世田谷区／佐藤京子）

「最新号が届くと真っ先に読むのは読者の投稿欄です。どれだけ多くの読者が、心温まる言葉に励まされ、生きる気力を取り戻したことでしょう。言葉は命を奪うこともあれば救うこともある、大きな力があることを学びました」（京都府長岡京市／平井紀子）

新聞うずみ火編集部
〒530-0012
大阪市北区芝田2丁目4-2　牛丸ビル3階
TEL 06-6375-5561　FAX 06-6292-8821　MAIL uzumibi@lake.ocn.ne.jp
年間購読料は1部300円×12か月＝合計3600円（税込み）です。

直接、郵便局の払込用紙でお申し込みいただくこともできます。
お振込みの際には、ご住所・お名前・ご連絡先を明記するようお願い致します。
口座記号 00930-6　口座番号 279053　加入者名 株式会社 うずみ火